瑞安市气象局
瑞安市老科技工作者协会　编著

二十四节气与瑞安农耕民俗文化

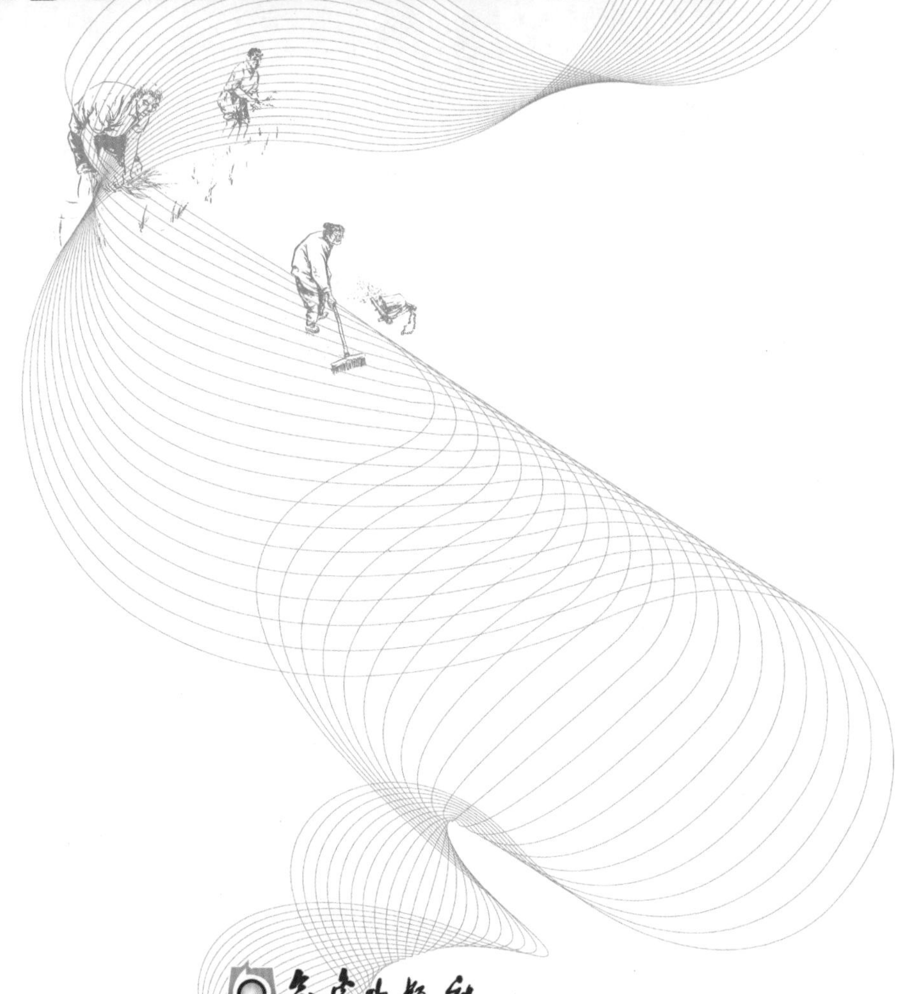

气象出版社
China Meteorological Press

图书在版编目（CIP）数据

二十四节气与瑞安农耕民俗文化 / 瑞安市气象局，瑞安市老科技工作者协会编著. -- 北京 : 气象出版社，2023.4
ISBN 978-7-5029-7953-9

Ⅰ. ①二… Ⅱ. ①瑞… ②瑞… Ⅲ. ①二十四节气－关系－传统农业－文化研究－瑞安 Ⅳ. ①P462 ②F329.554

中国国家版本馆CIP数据核字(2023)第065863号

二十四节气与瑞安农耕民俗文化

Ershisi Jieqi yu Ruian Nonggeng Minsu Wenhua

瑞安市气象局　瑞安市老科技工作者协会　编著

出版发行：气象出版社
地　　址：北京市海淀区中关村南大街 46 号　　邮　　编：100081
电　　话：010-68407112（总编室）　010-68408042（发行部）
网　　址：http://www.qxcbs.com　　E-mail：　qxcbs@cma.gov.cn
责任编辑：殷　淼　邵　华　　终　　审：张　斌
责任校对：赵相宁　　责任技编：赵相宁
封面设计：符　赋
印　　刷：北京地大彩印有限公司
开　　本：710 mm × 1000 mm　1/16　　印　　张：7
字　　数：114 千字
版　　次：2023 年 4 月第 1 版　　印　　次：2023 年 4 月第 1 次印刷
定　　价：48.00 元

二十四节气与瑞安农耕民俗文化

序言一

中国古代有很多与气象有关的智慧，其中尤以二十四节气最为著名。2016 年，二十四节气被列入联合国教科文组织人类非物质文化遗产代表作名录。

古人根据月初、月中的日月运行位置，气温、雨、日照三个关键天气要素，以及动植物生长等自然现象，把一年平分为二十四等份，并给每一等份取了最能反映当时气候和物候特征的专有名称，即谓二十四节气。这是中国独创的农业气候历，是古代劳动人民在长期农业生产实践中不断总结和探索，逐渐掌握季节变化规律的重大成果。汉代《淮南子》一书确定了与现在完全一样的二十四节气名称。2000 多年来，二十四节气一直在农业生产和人民生活中发挥着重要作用，至今仍在流传和沿用，它对古代农业文明的贡献十分巨大，中国和国际上很多专家学者认为其堪与中国古代四大发明相提并论。

勤劳勇敢的瑞安先民在飞云江沿岸繁衍生息，依靠温暖湿润、雨量充沛的有利气候条件，充分发挥聪明才智，不断积累生产经验，将二十四节气应用于渔盐农耕的生产实践。早在隋、唐时期，瑞安的柑橘、甘蔗、茶叶、鱼、盐已见诸史籍。南宋淳熙年间(1174—1189 年)，瑞安已是浙江稻米和特产药材温郁金的重要产地。如今，瑞安是“浙南粮仓”“温州菜篮子”。

在 2021 年 1 月 19 日召开的浙江省农村工作会议上，省委书记袁家军提出要深入挖掘二十四节气与农耕文化关系的要求。瑞安市气象局随即组织气象技术人员开展了二十四节气与瑞安农耕文化关系的研究工作，其研究成果形成此书。书中将每个节气都分为节气概述、节气与瑞安气候、节气与谚语、节气与瑞安农事、节气与瑞安淡水养鱼、节气与瑞安民俗六个部分进行阐释，主要是将古人的经验总结用现代气象科学知识进行解读。

希望该项工作在全面实施乡村振兴战略和文化自信的时代背景下，能够在瑞安农耕文化的传承中贡献一份气象力量，也让人们记住那一缕乡愁。

瑞安市人民政府市长

2021 年 5 月

序言二

2016年11月30日，联合国教科文组织保护非物质文化遗产政府间委员会通过决议，将“二十四节气——中国人通过观察太阳周年运动而形成的时间知识体系及其实践”列入人类非物质文化遗产代表作名录。

节气是中国先民通过观察太阳周年运动，而对时令、气候、物候等变化规律的经验总结，可以说是最早的天气气候预报。二十四节气反映了我国雨热同期、四季分明的气候特点，是认知气象的“活化石”。二十四节气虽然起源于北纬35度附近的黄河流域并指导那里的农事活动，但是我国从南到北都可以使用，因为不同地区的人们会结合本地天气气候特点，对其做“本地化”的智慧改造。

开展关于二十四节气的研究与普及工作，是发展中国特色社会主义文化的重要内容，是将普及气象科学知识融入弘扬优秀传统文化的时代要求，是推进气象文化建设的绝佳切入点。2022年8月1日施行的《温州市气候资源保护和利用条例》明确“鼓励单位和个人参与气候资源保护和利用，研究、挖掘与气候相关的历史和文化”。瑞安市气象局结合当地气候差异、风俗文化差异和历史传承，深入挖掘二十四节气中的气象元素，在农耕文明、民俗文化等方面开展研究和普及，并主动将此项工作融入当地新时代美丽乡村建设和“三位一体”农村新型合作经济体系建设，推动气象文化与农耕民俗文化共同繁荣发展，这是气象工作融入中国特色社会主义文化建设的一项有益探索。

希望瑞安市气象局能以此为契机，创新实践二十四节气面向公众的普及，提升社会公众对气象知识的认知能力，为瑞安市全面实施乡村振兴战略、建设共同富裕示范区先行标兵及高质量发展做出气象贡献。

温州市气象局局长

2021 年 11 月

目 录

秋

冬

二十四节气概述

被当代国际气象界誉为“中国第五大发明”的二十四节气是我国古代劳动人民对天文、气象、农业生产长期总结的产物，是中华民族悠久文化的历史沉淀。本篇将对二十四节气的由来、发展进程及其与古今农耕文化的关联等进行简要介绍。

二十四节气由来及内容

二十四节气是一部“太阳历”，是根据地球在环绕太阳运行的轨道上所处的位置和地面气候演变次序将全年分为 24 个时段，每段约半个月，分置在 12 个月内形成的。在黄道圈上，地球绕太阳每转 15 度为一个节气，所用时间几乎相同，地球绕太阳公转一周 360 度是一年，这样全年就有 24 个节气。节气的具体名称则是古人通过观察我国（主要是华中、华北地区）每一节气时段内所有的天文、气象和物候后定下的。例如，当太阳直射赤道（此时太阳处黄经 0 度）时，南北半球都是昼夜平分，叫作春分。当太阳直射北回归线（此时太阳到达黄经 90 度）时，气候炎热，叫作夏至。当太阳又直射赤道（此时太阳处黄经 180 度）时，昼夜又平分，北半球气候渐凉，叫作秋分；当太阳直射南回归线（太阳到达黄经 270 度）时，北半球白昼最短，黑夜最长，气候寒冷，叫作冬至。如此地球公转一周，恰好是春暖、夏热、秋凉、冬寒的一年四季。

二十四节气的名称及顺序为：立春、雨水、惊蛰、春分、清明、谷雨、立夏、小满、芒种、夏至、小暑、大暑、立秋、处暑、白露、秋分、寒露、霜降、立冬、小雪、大雪、冬至、小寒、大寒。

为便于记忆，民间还广泛流传如下一首节气歌。

春雨惊春清谷天，夏满芒夏暑相连；

秋处露秋寒霜降，冬雪雪冬小大寒；

每月两节日期定，最多相差一两天；

上半年在六廿一，下半年来八廿三。

歌谣前四句概述了二十四节气的名称和顺序，后四句则指出一年中各节气日期出现的规律。

二十四节气的发展进程

二十四节气起源于黄河流域，开始于夏商。从历史文字记载的角度看，有关节气记载的最早文献为《尚书·尧典》，属夏商时期，两分（春分和秋分）和两至（夏至和冬至）先出现。从《夏小历》的记载可以推断，夏朝时人们已经开始有意识地通过天象观测、物候观察等手段来形成节气认知。

二十四节气发展于西周至春秋时期。在周朝已经知道用“土圭”测日影的方法来定夏至、冬至，春分与秋分。到战国末期，《吕氏春秋·十二纪》中又加以四立（立春、立夏、立秋、立冬），以上八个节气的确立是节气形成过程中的重要环节，也表明最迟到春秋时期，二十四节气的核心部分已划分完毕。《礼记·月令》虽被认定为战国时期文献，但其中记载的天文历法当承继夏商周而来。其对于节气及物候的记载，明显表达出依据时序对政事和农事所作的规划及安排。

二十四节气定型于战国至西汉时期。战国时期的《逸周书·时则训》中有完整的二十四节气排列，在传世文献中最早最完整记载二十四节气名称的是西汉刘安组织编写的《淮南子·天文训》。就历法而言，由西汉邓平等制定的太阳历最早把二十四节气定为历法，明确了二十四节气的天文位置。随着时间推移，二十四节气逐渐演变成如今华夏民族共同的文化时间。

二十四节气对古今农耕民俗文化的影响

二十四节气体现了中国古人超前的科学认知水平，具有相当的科学性。西汉时定型的二十四节气的具体名称及内涵能沿用至今，进一步说明中国古人对天文学、气候学认识的高度和深度。在农耕时代的几千年里，黄河流域一直依靠二十四节气来安排生产、生活和其他活动。它的影响由黄河流域扩展到整个华夏大地，又远播海外，日本等地也十分流行中国节气文化。2016年，二十四节气获批列入联合国教科文组织人类非物质文化遗产代表作名录，被世界气象界誉为“中国第五大发明”。

数千年来，华夏各地先民在长期的生产、生活实践中也深知二十四节气的地方局限性，积累了按节气因地制宜、因时制宜安排生产生活的丰富经验。晚年曾在瑞安陶山隐居的南朝大贤陶弘景（456—536年）总结出了《占十二个月节候丰稔歌》（简称《丰稔歌》）。

正月：岁朝宜黑四边天，大雪纷纷是旱年。
但得立春晴一日，农夫不用力耕田。
二月：惊蛰闻雷米似泥，春分有雨病人稀。
月中但得逢三卯，处处棉花豆麦宜。
三月：风雨相逢初一头，沿村瘟疫万人忧。
清明风若从南至，定是农家有大收。
四月：立春东风少病疴，晴逢初八果生多。
雷鸣甲子庚辰日，定是蝗虫侵损禾。
五月：端阳有雨是丰年，芒种闻雷美亦然。
夏至风从西北起，瓜蔬园内受熬煎。
六月：三伏之中逢酷热，五谷田中多不结，
此时若不见灾厄，定主三冬多雨雪。
七月：立秋天雨是堪忧，万物从来只半收，
处暑若逢天下雨，纵然果实也难留。
八月：秋分天气白云多，处处欢歌好晚禾。
只怕此时雷电闪，冬来米价道如何？
九月：初一飞霜侵损民，重阳无雨一冬晴。
月中火色人多病，更遇雷声菜价增。
十月：立冬之日怕逢壬，来岁高田枉费心。
此日更逢壬子日，灾伤疾病损人民。
十一月：初一西风盗贼多，更兼大雪有灾魔，
冬至天晴无日色，来年定唱太平歌。
十二月：初一东风六牲灾，若逢大雪旱年来，
但遇此日晴明好，吩咐农家放心怀。

《丰稔歌》可以说是中国历史上最早的一个天气气候预报模式。其揭示的先期节气中某些天物象与后期，及至后一年天气和农事活动的关联，就是我们现代气象人读起来，也还是会得到许多启示。民间流传的《温州二十四节候歌》，更是二十四节气与温州境内的农事活动密切相连的美丽生动总结。

立春茶花分外艳，雨水红杏花正开。

惊蛰苇芦闻雷响，春风花菜引蝶来。

清明麦花伴筝飞，谷雨嫩茶翡翠连。

立夏桑果像樱桃，小满养蚕又种田。

芒种玉簪开庭前，夏至稻花如白莲。

小暑风催早稻熟，大暑池畔赏红莲。

立秋晚稻扦落田，处暑葵花朝阳开。

白露晚稻鼓起穗，秋分桂花满园香。

寒露动手芥菜栽，霜降茫花飘满天。

立冬喜种大小麦，小雪白霜降满天。

大雪寒梅迎风开，冬至大雪兆丰年。

小寒荔枝花正闹，大寒梅花满园开。

瑞安的民谣也广为传唱："正月灯，二月鸢，三月麦秆当萧吹。四月田螺密密旋，五月龙船两头翘。六月六，洗狗秃，七月七，巧食杂'麦麦'。八月八，月饼馅芝麻，九月九，登糕满捣臼。十月十，吃柑橘，十一月，吃汤圆，十二月，糖糕印状元。"

瑞安的农耕民俗文化几经岁月洗礼，不断向现代文明发展，接下来，我们本着"认真挖掘，仔细鉴别"的原则，按二十四节气顺序分别讲述各节气与瑞安气候、农谚、农事活动及民俗习惯，供读者欣赏和参考。

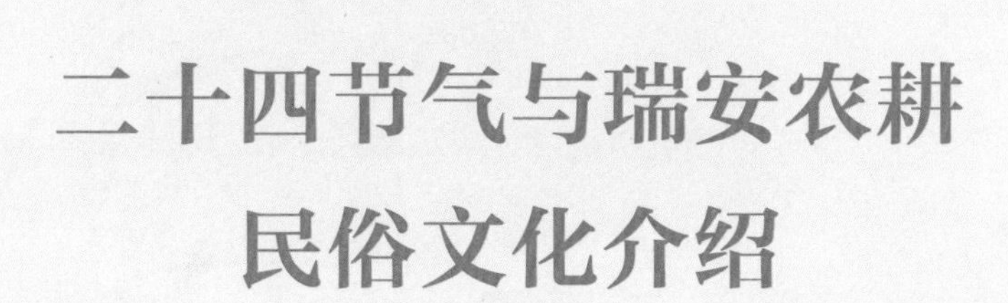

二十四节气与瑞安农耕民俗文化介绍

立春
雨水
惊蛰
春分
清明
谷雨
立夏
小满
芒种
夏至
小暑
大暑
立秋
处暑
白露
秋分
寒露
霜降
立冬
小雪
大雪
冬至
小寒
大寒
春

立春——节气之首

立春（公历2月3—5日交节）是二十四节气之首，此时太阳到达黄经315度。“阳和启蛰，品物皆春”，从天文学上来看，立春的确表示北半球开始进入春天。古人将立春分为三候：“一候东风解冻，二候蛰虫始振，三候鱼陟负冰”，从中可以看出立春的气候特征：严冬虽已过去，但其威力并未消失殆尽。因此，从气候学来讲，立春是春天的前奏。气象标准则更严格，只有当连续5天日平均气温稳定大于或等于10℃时，才算正式进入春季。而立春前后的2月上旬，瑞安近30年历史平均气温8.5℃，比历年1月的平均气温8.8℃还低，因此，立春节气的瑞安并非春意盎然，还需继续防寒、防雪、防冻。

立春节气与瑞安气候

立春日瑞安历史平均气温8.3℃，极端最低气温-2.3℃，出现在1971年2月5日；极端最高气温23.8℃，出现在2013年2月4日。立春日历史平均降水量2.8毫米，常年立春日降水概率为44.4%。

1959—2020年立春节气期间（指立春日至下一个节气雨水日之间的15天，其余节气类推。），瑞安重大天气事件主要有：1980年2月上旬全市下中雪，城关积雪深2厘米，并有冻雨。1984年2月9日全市下大雪，高楼、湖岭积雪深15～30厘米。1992年2月7日全市普降瑞雪，西部山区有积雪，19日夜山区又一次下大雪，湖岭瑶庄积雪深30～40厘米。2020年瑞安初霜日为

2 月 19 日，较常年平均迟两个月。

立春节气与谚语

腊月立春春水早，正月立春春水迟。

立春阳气生，草木发新根。

立春一年端，种地早盘算。

立春后下冰雹、雪霰子，一百二十天后有风暴。

立春节气与瑞安农事

俗话说："三九不冷看六九,六九不冷倒春寒。"正常年份的瑞安立春节气正值"六九"，天气还是十分寒冷的，要做好防寒、防冻、保暖工作。

油菜要清沟排水，中耕除草，施好苔肥，防治病虫害。枇杷分期施春肥，大棚越冬茄果类蔬菜开始采摘。立春日前后，应对茶树进行春茶前催芽施肥；回暖早的年份，"清明早"茶逐渐开摘。立春时节作物生长旺盛，加上人为管理肥水增加，使植株抗寒力显著下降，要做好防寒工作，防范低温冻害发生。

立春节气与瑞安淡水养鱼

立春过后，各种鱼苗种开始投放，时间一直持续到公历 3 月底，此时水温较低，鱼类疾病较少，常见疾病是感冒和冻伤，有结冰的鱼塘，应及时破冰，冰化之后应适当消毒，调节水质。

立春节气与瑞安民俗

迎春鞭春牛。据《瑞安市志》记载："清以前，县官于立春前一日出郊迎春入城，并使人扮演'芒人'，立于县官轿前，全城百姓沿街拥观，谓之迎春。"迎春时，人们抬着"春牛"和"芒神"一起由郊外入城。"春牛"是用泥土塑成的，塑制时牛腹里还会放进一些谷物。"鞭春"也叫"打春"，即鞭打"春牛"，由地方官亲自打第一鞭，有诗云："迎归官阁五更天，太守鞭牛劝力田。乡老入城觇水额，插禾插麦卜丰年"，意为"劝农"，表示春耕即将开始。然后百姓来打，并拾取打碎的"春牛"泥块和五谷，把泥块和水涂于自家灶上与牛棚里，据说可使六畜兴旺，将五谷放入仓里，预祝来年五谷丰登。“芒神”在民间被传为主管农事的神，由人来扮演，他的行进位置和穿戴很有讲究。“芒神”走在牛前或牛后，或与牛平行，都表示当年节气时序的早与迟。“芒神”穿着白色或红色衣服，身上系着一根带子，头上戴着帽子或不戴帽。当“芒神”经过时，有些人会争着摸他的脸，摸到者以为吉兆。此俗仅在清代以前流行。

《春牛图》

熚春。立春之日，家家户户先打扫庭院，然后从道坦、天井、阶沿头、中堂再至每个房间包括牛栏猪舍，各放置一堆预先备好的干燥樟树枝叶，俗称“春柴”，下放一些引火稻草。立春时刻一到，人们便一边放鞭炮，一边从外到里依次至各个房间，像接力赛似的，开始点燃稻草，将“春”迎到屋里的每个处所。烧着的“春柴”噼啪作响，散发着带有樟脑气味的烟雾，香气扑鼻，表示驱邪迎祥。孩子们则在熊熊的火堆旁蹦跳蹿跃，并念着歌谣：“熚春熚毛髯，田垟好种着，猫儿熚眼光，老鼠熚摸瞠。”最后将烧后的柴灰烬从外到里扫起来倒入灰塘，寓意将吉祥、兴旺引入家中。有的人家门上还贴上大红的“迎春接福”或“宜春”几个字。邑人的《迎春接福》诗云：“迎春接福贴门墙，几处家堂遍上香。烧遍厅堂樟树叶，拥帘香气挟新霜。”传说古时候有一个太史令，为不误农时，在制皇历时设定了立春节。皇帝问他什么是立春标志。他说：“立春是以樟树枝发芽而定。”后来，皇帝在立春日派人去查看樟树，果然已开始发芽，便降旨民间烧樟树枝叶来迎春，从此流传至今。清戴文俊的《熚春》诗云：“叶烧樟树趁芳辰，爆竹千声气象新。俗字一编须记取，好将疰夏对煨春。”解放后此俗还曾在瑞安城乡流行，但到了21世纪，因不利于消防安全，此俗就逐渐被群众摒弃了。

煨春。立春日，家庭主妇准备朱栾、赤豆、黑豆（豆与瑞安方言“大”同音）、红枣（枣与早同音）、薏仁米等放在汤罐中煨得烂熟，然后加红糖、桂花等，先敬祖先，后供家人邻居们分食，称为吃春茶。民间认为吃了“春茶”能明目益智。有《吃春茶》诗云：“大家快活吃春茶，红豆黄柑糁桂花。不吃春茶人曹（懵）蠢，聪明透顶老人家。”此俗至今仍很盛行。

雨水——雨水渐盈

雨水（公历2月18—20日交节）是反映降水现象的节气，是古代农耕文化对于节令的反映。雨水节气的到来预示着冬季干冷天气即将结束。此时太阳到达黄经330度，雨水节气后，太阳的直射点也由南半球逐渐向赤道靠近。这时的北半球日照时数和强度都逐渐增加，气温回升较快，来自海洋的暖湿空气开始活跃并向北挺进，降水逐渐增多。地处江南的瑞安，近60年2月平均气温8.8℃，3月则升至11.7℃；2月平均降水量79.1毫米，3月则增加到136.5毫米。雨水节气天气变化不定，田间农作物还需继续防寒。

雨水节气与瑞安气候

雨水日瑞安历史平均气温9.5℃，极端最低气温-2.5℃，出现在1977年2月18日；极端最高气温25.2℃，出现在2017年2月19日，平均降水量3.5毫米，常年雨水日降水概率为63.3%。

1959—2020年，瑞安雨水节气期间的重大天气事件如下。

出现寒潮3次，分别为2001年2月24—26日，2007年3月4日至6日，2010年10—12日；48小时降温幅度分别为11.5℃、10.2℃和10.5℃。

出现长连阴雨天气2次，分别出现在2012年2月22日—3月10日，持续18天，2019年2月16—3月3日持续16天，都为近60年少见。

2009年3月4日下午，莘塍、塘下等地出现冰雹。

雨水节气与谚语

雨水落雨雨水足。

雨水不雨，雨水缺。

雨水有雨，百日阴。

雨打五更头，午时有日头。

开门见雨饭前雨，关门见雨一夜雨。

雨水节气与瑞安农事

雨水节气降水逐渐增多，油菜要清沟排水，看苗施肥，并采取培土施肥等措施防冻。番薯开始育苗。瓯柑施春肥，高楼等地马蹄笋开始种植，全市主要春茶“乌牛早”“清明早”开始采摘。此时也是茶树较适宜的种植期，要按规范种植并在定植时进行第一次定型剪修，种后要及时对茶园进行科学管理。雨水至春分（2 月下旬至 3 月下旬），雨水增多，气温回升，是杨梅栽种的最佳季节，成活率高，但遇气温降至 0℃以下的冰冻天气，会导致土裂根断苗死，需防寒保暖。另外遇天旱要适时灌水、施薄肥。

合理安排蔬菜农事，注意冬季蔬菜采收。棚栽草莓、西红柿、茄子、黄瓜、丝瓜相继进入结果采收期，露天种植的白菜类、葱蒜类、菠菜、芹菜也应及时采收。应抓紧时间种植小白菜、广东菜心、牛心甘蓝等。

雨水节气与瑞安淡水养鱼

雨水节气是继续投放鱼苗的好时节。鱼类常见疾病仍然是感冒和冻伤，此时池塘冰雪消融，应注意消毒。

雨水节气与瑞安民俗

元宵节灯会。雨水日前后常遇农历正月十五日元宵节。元宵节可以说是中国人的狂欢节，此时各地都会举办群众性的灯会活动。据《瑞安县志》记载：旧时瑞安县城通衢编彩幕、张灯、放焰火，各乡村社庙尤盛。农历正月十三日称“试灯”，正月十四日至十六日为“正灯”，正月十七日谓“残灯”。箫鼓歌吹之声，宣闻达旦。宋叶适诗曰：“艾褐家绸阔阔裁，抱孙携子看灯来。”可见

元宵灯会

元宵灯会时间之长和热闹。

迎社神。乡间元宵日，社庙中挂灯、排殿（以古董列于神前曰排殿），屠猪杀羊，演戏数日夜。为召集拜年亲友之期，叫“会亲”。后来各乡、村相互排定日期。飞云江北岸，农历正月初六、初七，小典下迎社神；正月初八、初九汀田迎姜老爷；正月初十，莘塍迎东堂司命及上下洪老爷；正月十一日，大典下迎杨老爷，仙甲季、周家桥、渔墩迎红庙佛；正月十二日、十三日，塘下迎东狱大帝；正月十四、十五日汀田西代石和山上陈抬社神下山；正月十五日、十六日，澍村迎社神，大排殿；正月十九日，鲍田南河将迎张老爷；正月二十二日碧山迎杨老爷；正月二十三日、二十四日和二十六日、二十七日，丰和棠梨埭将迎杨老爷；正月二十七日、二十八日，梅头迎蛎高神。飞云江南岸，农历正月十五日，云周周村十八江村迎杨老爷、周六神；农历二月初二，曹村许宅迎杨老爷、许老爷。阁巷、林垟迎社神无固定日期。

现在迎社神活动逐渐减少，但灯会民俗仍在流行。瑞安众多灯会中以曹村最为典型，规模最大，品种最多，至今每年元宵节灯会都吸引瑞安各地群众前往观灯。

汤圆

吃汤圆。也称“吃圆儿”，寓意团圆。

惊蛰——万物复苏

惊蛰（公历 3 月 5—7 日交节）日太阳到达黄经 345 度。惊蛰的意思是，天气回暖，春雷始鸣，惊醒了蛰伏于地下冬眠的昆虫。惊蛰标志仲春卯月的开始，此时往往响起第一声春雷。虽谓“春雷惊百虫”，实际上昆虫大多听不到雷声，大地回春，天气变暖才是它们结束冬眠，惊而出走的原因。1991—2020 年，瑞安平均初雷日为 3 月 4 日；而连续 5 日稳定大于或等于 10℃的初日（气象标准入春日）历史平均在 2 月 21 日。这说明惊蛰之雷并不是瑞安现实中真正春天开始的标志。

惊蛰节气与瑞安气候

惊蛰日瑞安历史平均气温 11.5℃，极端最低气温 0.3℃，出现在 1972 年 3 月 5 日；极端最高气温 26.2℃，出现在 2016 年 3 月 5 日。历史平均降水量 5.9 毫米，常年惊蛰日降水概率 62.2%。

1959—2020 年，瑞安惊蛰节气期间的重大天气事件主要是出现过三次寒潮、雨雪、低温天气。2005 年 3 月 12 日，瑞安全境出现中到大雪，安阳 24 小时降温 9.6℃，积雪深 3 厘米；高楼积雪深 4 厘米。2006 年 3 月 11—13 日，安阳出现 24 小时降温 11.4℃的情形，全境出现雨夹雪。2010 年 3 月 6—10 日低温冰冻天气，10 日早晨安阳最低气温 0.3℃，桂峰最低气温 -5.3℃。

大雪

惊蛰节气与谚语

惊蛰刮北风，从头另过冬。

过了惊蛰节，春耕不能歇。

惊蛰闻雷，谷米贱似泥。

雷响惊蛰前，月内不见天。

惊蛰节气与瑞安农事

俗话说："过了惊蛰节，春耕不停歇。"此时要不失时机抓紧春耕备耕工作，旱玉米要中耕培土施肥，温山药（薯药）要催芽。梅花进入盛花期。

柑橘也是自古境内的主要果树。南宋时叶适就称温州"有山皆柑橘，有水不荷花"。本节气前后一个月为瑞安柑橘种植适宜期，这段时间光照不强蒸发量少，栽植成活率高。

惊蛰日前后（3 月上旬），需对栽后 2 年的幼龄茶树进行第二次定型修剪。第三次则需在定植后第三年春茶采摘后进行。

做好春、夏蔬菜的播种育苗，尚可种植的有小白菜、香菇菜、早熟 5 号大白菜与甘蓝菜等，露地蜜本南瓜、冬瓜、丝瓜、蒲瓜需小拱棚育苗。

惊蛰节气与瑞安淡水养鱼

气温开始上升，水温 10℃左右可以放鱼种，但要特别注意，不要损伤鱼体；养鱼池塘可以开始驯食，池塘水位不宜太深，目的是让池塘水温上升快些。这段时间鱼类疾病主要为水霉病。

惊蛰节气与瑞安民俗

吃芥菜饭。历年的农历二月初二都出现在惊蛰日前后半个月之中。自古以来，民间每逢农历二月初二，家家户户都要煮绿白相间、口味宜人的芥菜饭。据说在这一天吃芥菜饭，既不生疥疮，也不生瘟病，还能明目。瑞安特有的芥菜饭的主料有晚米、芥菜、猪五花肉，辅料有虾皮、香菇、猪油、香菜、红萝卜、盐等。刚出锅的芥菜饭香甘爽口，别有风味；盛在碗里，绿白相间，色彩和质感都很好。大家一起吃着热腾腾的芥菜饭，其乐融融，极具农家生活气息。

植树节。公历 3 月 12 日是我国的植树节。此日各部门、各行业在瑞安市委市府的统一部署下在各地开展义务植树活动。

撒石灰。《千金月令》说："惊蛰日取石灰掺于门限外，可绝长蚁。"惊蛰日到来，天气日暖，冬眠于地下的动物苏醒。于是在惊蛰时，有拿石灰撒在门槛外的习俗，以此来杜绝虫子的骚扰。

植树节植树活动

春分——昼夜平分

春分（公历 3 月 20—22 日交节）古时又称为“日中”“日夜分”“仲春之月”“升分”等。春分的内涵：一指这一天白天黑夜平分各为 12 小时；二指春分正处春季（立春至立夏）3 个月当中，平分了春季。春分在天文学上有重要意义，这一天太阳到达黄经 0 度，太阳光直射赤道，南北半球太阳都从正东升起，正西落下，各地都昼夜平分。春分后，太阳直射位置继续由赤道向北半球推移，北半球各地白昼时间开始长于黑夜。天文学上以春分日作为春季开始，而气象学规定，只有连续 5 天日平均气温稳定大于或等于 10℃时才称春季正式到来。近 30 年来，瑞安稳定大于或等于 10℃的历史平均初日为 2 月 21 日，比春分日早近一个月。春分节气暖湿气流开始活跃，但冷空气势力仍很强大，其间还有春寒、倒春寒天气出现，此时正值春耕、播种大忙时节，应做好应对。

春分节气与瑞安气候

春分日瑞安历史平均气温 12.6℃；极端最低气温 3.2℃，出现在 1976 年 3 月 20 日；极端最高气温 28.5℃，出现在 1969 年 3 月 20 日。历史平均降水量 5.5 毫米，常年春分日降水概率 68.9%。

1959—2020 年，瑞安春分节气期间重大天气事件主要是出现了 6 次春寒或倒春寒（指 3 月底至 4 月出现连续 3 天日平均气温≤11℃的低温天气），时间分别为：1965 年 3 月下旬至 4 月上旬；1972 年 4 月 1—3 日（城关各地同时有雪）；1976 年 4 月 1—5 日；1987 年 3 月 31 日—4 月 4 日；1991 年 3 月 31 日—4 月 3 日；1996 年 3 月 31 日—4 月 5 日。每年倒春寒出现时，该年春播都会出现作物严重烂秧。

春分节气与谚语

春分秋分昼夜平分。

春雾雨。（春天雾兆雨）

春看山头，夏看海口。（冬春山头有雾、夏秋海口有云兆雨）

春分有雨到清明，清明下雨无路行。

春有一暴，秋有一报。（报指雨，春天大风与秋天大雨有对应关系）

春分节气与瑞安农事

“春分一过，早稻可播”。这个节气是早稻和其他作物播种的重要时期，瑞安各地要做好越冬代二化螟的防治工作，预测化蛹高峰期并及时实施灌水杀蛹措施。与此同时，早稻陆续浸种催芽，开始薄膜育秧，应抓住晴好天气抢播早稻，培育壮秧。

种粮大户用自动化育秧设备高效进行育秧工作（来源：《瑞安市志》）

大片油菜花

早玉米查苗补苗，中耕培土追肥，防止虫害。大棚茄果类蔬菜继续做好整枝打杈，合理肥水管理，棚内通风透气。油菜开花进入旺期，大豆开始播种，温山药开始种植，露地西甜瓜开始育苗，甘蔗开始地膜覆盖种植。春分前后对种植时间已有 30 天左右的新茶树施一次薄水肥，以后每隔 10～15 天再施一次水肥，施肥量逐渐增加。

春分节气与瑞安淡水养鱼

水温升至 15℃以上，鱼种投放基本结束。养成鱼的池塘逐渐开始投饵，投食量逐渐增加，春分之后，鱼塘一定要换水，否则容易死鱼。随着温度增高，鱼类疾病逐渐增多，要特别注意防治烂鳃、肠炎、痘疮病、竖鳞病、水霉病、锚头鳋病。

春分节气与瑞安民俗

竖蛋。“春分到，蛋儿俏”，春分正值春季的中间，不冷不热、花红草绿，人心情舒畅、思维敏捷、动作利索，易于竖蛋成功。春暖大地，万物生长，竖蛋除有立住鸡蛋的本意，亦有“马上添丁”之意，意味着人们祈祷人丁兴旺、代代传承之意，因此春分竖蛋也就成了家家户户大人、小孩都很爱玩的一个风俗游戏。

春祭。过去每到春分时节，人们就开始扫墓祭祖，故谓“春祭”。祭祖时，在宗族祠堂里举行仪式，杀猪、奏乐、读祭文。一般春分前上过坟，清明就不用上坟了。因为春分前上坟是上新坟，而清明是用来祭奠先人的日子。但此俗现在瑞安也不再流行。

春分竖蛋

清明——清新明洁

清明（公历4月4日—6日交节）是反映自然界物候变化的节气，此时节阳光明媚，草木萌动，气清景明，万物皆显，自然界呈现生机勃勃的景象。清明时节，天气转暖，大自然空气清新明洁，故曰清明。此时，太阳到达黄经15度。清明节气期间冷暖空气仍交换频繁，温度起伏大，天气变化复杂，倒春寒、强雷暴、冰雹、大风均可能发生，此时正是春耕春种大忙季节，需及时应对。当然，清明也是春暖花开、莺歌燕舞的季节，是人们踏春、春游的好时光，更是祭祖扫墓的传统节日。

清明节气与瑞安气候

清明日瑞安历史平均气温15.0℃，极端最低气温3.8℃，出现在1969年4月6日；极端最高气温29.3℃，出现在1961年4月4日。历史平均降水量4.3毫米，常年清明日降水概率73.3%。

1959—2020年瑞安清明节气期间重大天气事件主要如下。

出现倒春寒4次，时间分别为1980年4月1—3日；1984年4月6—8日；1987年4月12—14日和2010年4月14—16日。其中，以1980年倒春寒最严重。

出现冰雹大风5次，时间、地点分别为：1973年4月11日上午8时15—40分，马屿、仙降、城关、塘下、莘塍降冰雹；1974年4月7日城关莘塍，塘下降冰雹；1994 年 4 月 7 日 18 时 02—09 分，及 4 月 20 日 14 时 32—38 分，城关等地出现历史罕见的冰雹大风雷雨天气；1995 年 4 月 14 日 16 时 38 分及 17 时，冰雹分别袭击仙降、塘下。其中，以 1994 年的两次最为严重，冰雹分别自西向东影响全市 29 个和 34 个乡镇。

清明节气与谚语

清明响雷头个梅。（清明多下雨，春雷也是经常有的，也意味着进入头梅）

清明不戴柳，红颜成皓首。（清明折新柳戴在头上，可使人一直年轻）

雨打清明前，春雨定频繁。

清明风若从南起，定主田禾有大收。

清明前后无好天。

清明谷雨两相连，浸种通田莫延迟。

清明节气与瑞安农事

“冷尾暖头，播种不愁”。清明是瑞安春耕春播的大忙节气。移栽早稻基本播种完毕，进入育秧阶段，应选择“冷尾暖头”天气直播早稻，同时防止倒春寒、连阴雨天气对秧苗的影响。

大棚育秧（瑞安市老科技工作者协会提供）

清明前后，柑橘开始发芽，此时由于阴雨天气多、湿度大，柑橘脐橙品种和红美人品种容易出现炭疽病、溃疡病，故发芽前需对前述的柑橘病进行第一次防治。

春花生、春玉米开始播种，使用地膜覆盖，防止倒春寒天气影响。大豆可以继续播种，春季白银豆开始播种，露地甘蔗、温郁金开始栽种，大棚草莓采摘逐渐进入尾声。棚栽蔬菜要揭内膜以增加光照时间和温度，还应做好病虫害防治。露地蜜本南瓜、冬瓜、丝瓜、蒲瓜应及时移栽。清明时节雨水较多，应做好农田清沟排水和中耕除草，预防湿害烂根，注意倒春寒和春季连阴雨的影响。

清明节气与瑞安淡水养鱼

鱼种投放基本结束，随着气温升高，白鲢不能再长途运输，鳙鱼稍好些；池塘、网箱鱼都已经开始摄食，热带鱼还不能在室外正常放养。鱼类的常见疾病与春分节气相同，应及时做好防治工作。

清明节气与瑞安民俗

祭祖。缅怀先辈、敬重祖宗是瑞安人的传统习俗。祭祖有三种形式——家祭、墓祭与宗庙祭，清明祭祖以家祭为主。家祭，即在家中祭祀。过去旧式房子都有中堂，一般都设有放置祖先香炉的神龛。在清明节这一天（也有提前1～2日的），人们会买上一些果蔬、烧上几个菜（其中必有竹笋），摆放在桌上，供于祖先神龛或牌位前。再点上香烛，放上酒杯和筷子，杯里斟上酒，待“酒过三巡”后，焚化纸钱。祭祀毕，奠者便可自食这些祭过的食物了，民间称之为“做节”。这种祭祀方式在乡村一直延续到今天。墓祭，在清明上坟扫墓时，祭扫者将祭品挑到山上，摆在墓前祭，此种方式自20世纪中叶后便很少见了，只有在宗族集体活动时才有，一般均以扫墓代之。宗庙祭，在大姓宗族聚居的地方，大都建有宗祠，俗称“祠堂”。每年清明节，全族在祠堂里举行集体祭祀仪式，由族长公进行主祭。

扫墓，俗称上坟。瑞安人历来重视上坟扫墓习俗，其时间有“前三后四”之说，也就是在清明日的前三天或后四天的范围内均可。但瑞安城关近几十年来却有部分人改变了惯例，安排在农历正月初一上山“拜坟”、扫墓。当然，在清明节上坟扫墓仍然是主流。过去，扫墓者都带着“香烛纸”、鞭炮及一些除草、添土、清扫的工具。当将墓地清扫毕，对那些未做“坟面”的墓，要掘一些黄土加于坟上，故上坟也叫“加土”。并在坟头点上香烛，焚烧纸钱、金银纸，再放鞭炮，同时也将一些未烧化的纸钱分放在坟墓的几个最高点，再用小石块压上，以此举表示该墓地后代子孙已来扫墓了。在回家时，人们常要折几枝松枝、柳枝或采摘些杜鹃花带回，以示吉祥。近些年来，为了防止火灾、保护山林，提倡文明、安全，于是移风易俗，不许在山上坟墓前点火、烧纸钱了，改用献鲜花等方式取代旧俗。

公祭。每年清明节，市政机关等单位都组织干部、职工、学生代表到革命烈士陵园扫墓献花，悼念先烈，不忘红色传承。

望节。瑞安一年中的几个重要节日里，亲戚之间都有送礼的习俗，民间谓之望（读“牧”音）节。有的节日是下辈向上辈送礼，有的节日则反之。清明这一节是由上辈向下辈送。即父母向女儿女婿送松糕（俗称炊糕）其量为一对或两对，放在木制礼盒中，上放万年青和“太平钿”（一种红纸上剪出花鸟的剪纸）。

吃清明酒。由于清明是祭祖扫墓的节日，一些宗族会在祠堂里摆清明酒，举行本支族成员宴会，并商讨宗族有关事情。家庭中也会在清明日或前几天设宴，邀请亲戚，一般是姐妹兄弟、儿女、媳婿等一起宴饮。

吃清明饼。瑞安的清明饼历史悠久，《瑞安市志》民俗篇载：“瑞安古有集香草（摘绵菜）为寒食饼（俗称清明饼、清明馍糍）。”每家都做，还要馈赠亲友。邑人有一首写清明的竹枝词：“描金小榼送人情，米饼家家做现成。多谢大人亲馈赠，送青节里过清明。”这就是反映当年人们送亲戚清明饼的景象。现代的清明饼材料以糯米为主，掺以小量籼米，经水浸、水磨、压燥（脱水）后，和成团，中间包豆沙、枣泥或笋丝碎肉、香菇等馅，放在煎盘中煎熟，味道极好，已成为瑞安的一种特色美食，一直沿袭至今。

踏青。清明节前后春光明媚，鸟语花香，正是人们到野外去游玩寻春的好时机。瑞安人历来把清明上坟扫墓同踏青春游结合在一起，当然，游玩一定是在祭扫之后。宋代邑人李光祖有一首写踏青的竹枝词云：“柳眉晕绿带新烟，杏脸红消色更妍。细雨鸟歌泥滑滑，都安排与踏青天。”该诗反映了虽然清明雨纷纷、路难行，但女士们还是乐于外出踏青。

放风筝。“草长莺飞二月天，拂堤杨柳醉春烟。儿童放学归来早，忙趁东风放纸鸢。”由于最早出现的鸢是竹片制作的，当放鸢升空时，随风发出的声音很像筝，故将其雅称为“风筝”。清明前后，地处东南沿海的瑞安早已风和日丽、微风飘荡，是放飞风筝的好时光。这个时节大人总会领着孩子，带着自制的风筝（现在市场繁荣，都在商店购买）到郊外广场上放飞。古往今来，大家都喜欢用放风筝来活动筋骨，消除“春困”和郁闷。近年来，瑞安风筝协会很活跃，每年都好几次组织会员到各地（曹村、寨寮溪等）举行集体放风筝活动，还到外地参加比赛，2019 年到山东潍坊参加全国民间风筝比赛，获第三名。2021 年 4 月，全国民间风筝比赛第一次在瑞安曹村举行，参赛队伍达 28 支。最近，曹村已成为浙江省挂牌的风筝放飞基地。

瑞安风筝节比赛（瑞安风筝协会提供）

谷雨——雨生百谷

谷雨（公历 4 月 19—21 日交节）是春季的最后一个节气，此时太阳到达黄经 30 度。谷雨与雨水、小满等节气一样，都是反映降水现象的节气，明确地反映了作物对气候条件的要求。谷雨节气期间，田中的秧苗初插，作物新种，最需雨水滋润，正所谓“春雨贵如油”。“好雨知时节，当春乃发生”，只要降水充足和及时，谷类作物就能茁壮成长。与清明节气一样，谷雨期间，冷暖气团交汇激烈，瑞安常出现冰雹、雷暴、大风等强对流天气，需随时保持警惕。

谷雨节气与瑞安气候

谷雨日瑞安历史平均气温 18.2℃，极端最低气温 6.5℃，出现在 1962 年 4 月 19 日；极端最高气温 30.5℃，出现在 2009 年 4 月 20 日。历史平均降水量 5.4 毫米，常年谷雨降水概率为 65.6%。

1959—2020 年，瑞安谷雨节气期间重大天气事件主要如下。

出现 7 次冰雹。1969 年 4 月 29 日 16 时塘下遭冰雹袭击，同日陶山毗邻地区下雹，伴龙卷；下雹时间 7～10 分钟，雹径一般 4 厘米左右，塘下凤村甚至出现了雹径 30 厘米的巨大冰雹，重 2.5 千克。1981 年 5 月 2 日，湖岭、陶山普遍下冰雹。2001 年 4 月 29 日 15 时 30—50 分，陶山、桐浦下冰雹，雹径最大 2 厘米。2005 年 5 月 1 日，陶山出现冰雹。2019 年 4 月 23 日 17 时，高楼、马屿、曹村陆续出现冰雹，24 日 15 时的高楼、平阳坑，以及 25 日的海安又先后下雹。

此外，1980 年 4 月 24—25 日还出现罕见的低温倒春寒天气，烂秧严重。

谷雨节气与谚语

谷雨无雨，后来哭雨。

谷雨前，清明后，种花正是好时候。

谷雨上红薯秧，一棵能收一大筐。

谷雨节气与瑞安农事

“雨生百谷”，谷雨正好是早稻扦插和西甜瓜等作物播种嫁接的大忙季节，及时完成早稻移栽，春玉米可继续播种。豌豆开始采摘，鲜食蚕豆开始采摘，马蹄笋培土施肥，杜鹃花进入盛花期。大棚蔬菜、露地蔬菜应做好病虫害防治工作。杨梅大棚要注意通风调湿。

谷雨日前 10 天至小满节气期间是柑橘红蜘蛛病大流行期，要注意防范。谷雨前后，春茶采摘结束，应对茶树施追肥。

谷雨时节降水明显丰沛，农田防渍防涝决不可放松。

机械化插秧（来源：《瑞安市志》）

谷雨节气与瑞安淡水养鱼

清明断雪谷雨断霜。节气内气温、水温回升加快，鱼类生长也加快，热带养殖鱼类可以室外投放了。其他各类鱼摄食开始旺盛。鱼类常见病有烂鳃、肠炎、痘疮病、竖鳞病、水霉病、锚头骚嗜性卵甲藻病、车轮病。其中，鲤鱼容易患烂鳃、肠炎、出血性败血症；水霉病开始减少，草鱼车轮病发生频繁。

谷雨节气与瑞安民俗

走谷雨。古时有“走谷雨”的风俗，谷雨这天青年妇女走村串亲，或者到野外走走，寓意与自然相融合。

过茶节。民间谚云“谷雨谷雨，采茶对雨”，谷雨是采茶的时节。真正的好茶都采自谷雨时节，此时温度适中，雨量充沛，加上茶树经半年冬季的休养生息，使得春梢芽叶肥硕，色泽翠绿，滋味鲜活，香醇可口，故人称谷雨为“茶节”。传说谷雨这天的茶喝了会清火，辟邪，明目等，所以不管这天是什么天气，人们都会去茶山摘一些新茶回来喝，以祈求健康。

茶叶基地（瑞安市老科技工作者协会提供）

夏
立春
雨水
惊蛰
春分
清明
谷雨
立夏
小满
芒种
夏至
小暑
大暑
立秋
处暑
白露
秋分
寒露
霜降
立冬
小雪
大雪
冬至
小寒
大寒

立夏——夏天渐始

立夏（公历5月5—7日交节）是夏天的开始，从这时起，气温渐升，雷雨增多，是农作物进入旺季生长的一个重要节气。此时太阳到达黄经45度，北斗星的斗柄指向东南方，《历书》“斗指东南，维为立夏，万物至此皆长大，故名立夏也”。实际上，江南各地入夏时间普遍较立夏推迟，因为按现代气象标准，连续5天日平均气温稳定大于或等于22℃的初日才算是夏季开始日。瑞安近30年稳定大于或等于22℃的历史平均初日为5月21日，因此瑞安的实际夏季开始时间就比立夏日平均迟了半个月。立夏节气期间正值瑞安雨季，是梅汛开始期，各行各业都要做好防汛准备。

立夏节气与瑞安气候

立夏日瑞安历史平均气温20.4℃，极端最低气温10.2℃，出现在1991年5月5日；极端最高气温30.5℃，出现在2018年5月7日。历史平均降水量5.1毫米，常年立夏日降水概率为62.2%。

1959—2020年立夏节气期间重大天气事件主要如下。

出现冰雹大风天气4次。1970年5月5日7时，仙降垟头下冰雹，持续10分钟。1977年5月6日15时，马屿部分地方下冰雹，持续15分钟，最大的如鸡蛋大小。1989年5月11日，马屿及莘塍等地遭强雷暴、冰雹、龙卷袭击，冰雹铺天盖地最大重2.34千克，风力11～12级。2010年5月18日14

时，塘下、林溪、曹村下冰雹，最大的雹径 2 厘米。此外，1980 年 5 月 5 日，桂峰、平阳坑出现历史罕见的下雪天气（史称立夏雪）。2010 年 5 月 18 日 16 时，一村民在河边西瓜田作业遭雷击导致死亡。

立夏节气与谚语

立夏不热，五谷不结。
立夏下雨，九场大水。
立夏多插秧，谷子堆满仓。

立夏与瑞安农事

“立夏看夏收”。立夏时节春花作物进入黄熟期，要及时抢收。高山单季稻开始播种，早稻田要加强管理早追肥，及时除草，促进早发。开展水稻二化螟预测，及时进行综合防治。油菜开始收割，大棚西瓜、甜瓜进入采摘期，桑葚进入采摘旺期。立夏至芒种期间杨梅要防黑斑病，立夏前后应对成龄茶园进行全面修剪（包括轻修剪、深修剪），对衰老茶树进行重修剪、台刈（彻底改造树冠的方法，把树头全部割去）。各类修剪均在春茶采摘后进行。由于立夏以后雨量、雨日均明显增多，连阴雨不仅导致作物湿害，还会引起多种病害流行，应及时采取必要的降湿措施，配以药剂防治。即将进入梅汛期，要做好防梅汛溃涝工作。

立夏节气与瑞安淡水养鱼

夏天开始，天气渐热，雷雨增多。鲫鱼、鲤鱼基本产卵孵化完毕，由运输感染的水霉病不再发生，鱼类生长迅猛。雷雨天、阴雨天增多，鱼塘易浮头死鱼。增氧设备应该安装到位，注意随时增氧。鱼类常见疾病比谷雨节气时又增加了赤皮病、三代虫、指环虫、小瓜虫等。此时鲤鱼易得白云病、孢子虫，草鱼出血病容易开始大面积流行。

立夏节气与瑞安民俗

送鱼。瑞安民间向来有在立夏节前后给亲友送鱼的习俗，一般都是晚辈给长辈送，送的量多是两条，称“一对鱼”。有钱人家送鲥鱼，普通人家则送黄鱼，也有送白鱼的。旧时农村一些经济条件差些的人家，在礼尚往来的风俗中，送来的鱼舍不得吃，便将鱼再转送到其他亲友家，如此送来送去，甚至有的送过几个来回，结果鱼都不好吃了，成为笑谈。送鱼亦有讲究，一对鱼大小要差不多，相对着用咸草缚在鱼的嘴部，鱼身上贴着“太平钿”或“红双喜”，插上万年青与松柏。特别是送人鲥鱼时，有人还会插上鲜花以示珍贵。清代邑人孙琴西《送鲥鱼》诗中有“黄鱼风信拣花时，又点仙葩送雪鲥”之句。这样送鱼礼俗在二十世纪五六十年代还盛行着。

称人。这是立夏的一大活动。清代蔡云《吴歈》诗云：“风开秀阁扬罗衣，认是秋千戏却非。为挂量才上官秤，评量燕瘦与环肥。”诗人风趣地描写了女士们称体重的场景。

尝三新。所谓“三新”是指青梅、樱桃与嫩麦。其实各地的“三新”也不一样，有的还分“地上三新”（蚕豆、苋菜、黄瓜）、“树上三新”（樱桃、青梅、杏子）和“水中三新”（鲥鱼、海蛳、河豚）。尝新也要先祭祀祖先。

吃茶叶蛋：立夏前后新茶上市不久，用新茶叶加上小茴香、桂皮一起煮出来的蛋，特别鲜嫩爽口，色香味俱佳。民间相传，立夏食茶叶蛋能使人心气、精神不受损。

“三新”水果

小满——江满河满

小满（公历 5 月 20—22 日交节）与清明等一样，是直接反映物候现象的节气。“小满”意指黄河流域麦类作物籽粒开始饱满但还未成熟。但瑞安春花作物如油菜、马铃薯等都已处采收期，农村一片丰收繁忙景象。小满日太阳到达黄经 60 度。小满节气天气渐渐由暖变热，降水也逐渐增多，民谚有“小满，小满，江满河满”的说法，小满意味着各地进入了大幅降水的雨季，往往会出现大范围的强降水。

小满节气与瑞安气候

小满节气日瑞安历史平均气温 22.0℃，极端最低气温 12.7℃，出现在 1986 年 5 月 21 日；极端最高气温 32.7℃，出现在 1991 年 5 月 22 日。历史平均降水量 4.8 毫米，常年小满日降水概率为 65.6%。

1959—2020 年小满节气期间重大的天气事件如下。

出现“小满寒”天气 3 次。时间强度分别为：1973 年 5 月下旬至 6 月上旬平均气温降至历史同期最低（分别 19.9℃和 20.4℃）；1981 年 5 月底到 6 月初出现 1959 年以来第二个“小满寒”，5 月下旬平均气温仅 19.9℃；1998 年 5 月 25—27 日，城关连续 3 天日最低气温低于 17℃；前述三次小满寒都使该年的早稻减产。

1961 年 5 月 27 日，6104 号台风在乐清登陆，受其影响瑞安城关日降水

78.5 毫米，风力大于 9 级，虽影响不严重，但却是 1959 年至今最早对瑞安有影响的台风。

2007 年 5 月 27 日，上望薛后村遭雷击死亡 1 人；1980 年 5 月 25 日 22 时 20 分，塘下个别村遭大雷雨伴龙卷袭击，毁房 8 间，死亡 2 人。

小满节气与谚语

小满，小满，江满河满。
大雨下在小满前，农民不愁水灌田。
小满有雨豌豆收，小满无雨豌豆丢。

小满节气与瑞安农事

早稻处于幼穗分化期，此时早稻应注意浅水灌溉、酌施穗肥。要做好稻纵叶螟、稻飞虱、二化螟等病虫的预测和防治。山区单季稻开始移栽，油菜收割进入尾声。春玉米要加强田间管理，中耕除草疏松土壤。枇杷进入采摘旺期，

玉米基地（瑞安市老科技工作者协会提供）

马铃薯开始采收。露地嫁接西瓜、番薯苗扦插大田，大棚越冬茄果类蔬菜采收逐渐进入尾声。开始进入梅汛期，应加强田间清沟排水。

小满节气与瑞安淡水养鱼

此时各地进入夏季，南北温差进一步缩小。各种鱼类开始进行鱼苗培育，热带鱼室外养殖业不再受温度影响。指环虫、三代虫等寄生虫开始增多。鱼类常见疾病有烂鳃、肠炎、赤皮病、痘疮病、竖鳞病、锚头鳋病、三代虫病、指环虫病、小瓜虫病、车轮虫病、孢子虫病、草鱼出血病等，要注意及时防治。

小满节气与瑞安民俗

吃苦菜。《周书》曰："小满之日苦菜秀。"作为最早被人们食用的野菜之一，苦菜遍布全国。苦菜的营养丰富，并具有清热、凉血和解毒的功能。小满时节正值苦菜枝叶繁茂，小满时节人们喜欢吃苦菜、苦瓜等带有苦味的蔬果，能起到驱除"热邪"和"湿邪"侵害的作用。

饮"水花腐"。"水花腐"是"白凉粉"的瑞安方言叫法，成品白色晶莹，原料为中药薜荔，可沥汁煎冻。口感与青草豆腐类似，但又别有一番风味。小满时气温不断升高，人们喜爱饮用"水花腐"消暑降温：薄薄的平勺，一层一层捞出凉粉，几秒钟便可盛起满满一碗，撒上细细的糖粉，淋上一点薄荷水，还可以根据个人喜好加入葡萄干、黑芝麻、杨梅干、桂花等，端在手里，简直是夏日里最惬意的事情。

芒种——麦收稻种

芒种（公历 6 月 5—7 日交节）与清明、小满一样，都是直接反映物候现象的节气。“芒”指一些有芒作物，如稻、黍、稷等，“种”指种子和播种中的“种”。芒种代表麦类等有芒作物成熟收割，或表明夏播作物播种，是非常繁忙的时节。此时太阳到达黄经 75 度。芒种前后，冷暖空气交汇带移至江南地区，瑞安梅雨来临，阴雨日子增多，此时正值杨梅成熟采摘之际，瑞安人也称之为“黄梅天”。芒种节气期前后是瑞安的主汛期，近 30 年，瑞安 6 月历史平均降水量为 238.1 毫米，为全年各月最多，各地要做好防汛和防霉变相应工作。

芒种节气与瑞安气候

芒种日瑞安历史平均气温 23.7℃，极端最低气温 15.7℃，出现在 1964 年 6 月 5 日；极端最高气温 33.5℃，出现在 2019 年 6 月 6 日。历史平均降水量 7.6 毫米常年芒种日降水概率为 63%。

1959—2020 年芒种节气期间重大天气事件主要如下。

1990 年 6 月 24 日 05 时，第 5 号台风在温州永强登陆，其带来的暴雨大风和该年 5 月初的天文大潮（指太阳和月亮的引潮合力的最大时期（即朔和望时）之潮），使瑞安损失 0.37 亿元，死亡 3 人。

1998 年 6 月 7—25 日，出现连续 19 天阴雨，日照仅 0.9 小时，使该年早稻纹枯病大发生，扬花授粉受阻。

2005 年 6 月 18—22 日，出现连续暴雨，各地雨量均在 200 毫米左右。2008 年 6 月 13—14 日，安阳马鞍山出现大暴雨，24 小时雨量 153.2 毫米。

1961 年 6 月 13 日—9 月 18 日，出现从芒种期间开始的干旱，连旱 98 天。

2012 年 6 月 18 日，飞云南港村一妇女在菜田劳作时遭雷击导致死亡。

芒种节气与谚语

芒种火烧天，夏至雨涟涟。

芒种夏至常雨，台风迟来；芒种夏至少雨，台风早来。

芒种热得很，八月冷得早。

雨打芒种头，河鱼眼泪流。（指发旱前兆）

芒种节气与瑞安农事

早稻处于孕穗至破口期，为水稻生育的关键期，保持水层，防止缺水影响产量。要做好二化螟、稻纵卷叶螟、稻飞虱、纹枯病、白叶枯病的预测和防治工作。

番薯开始扦插，平原单季稻播种，马蹄笋开始采挖，夏菜生产要加强管理及病虫害防治。温郁金要加强田间肥水管理，注意防范梅雨造成根茎腐烂。葡萄要继续排积水，提高抗病能力，巧施壮果肥和根外追肥，加强枝梢管理。荸荠杨梅进入采摘旺期，要充分利用短期短时天气预报安排采摘。防范梅雨期暴雨造成落果，在采摘安排上可以通过品种搭配和垂直气候差异延长杨梅采摘期。

高楼马蹄笋和杨梅（瑞安市老科技工作者协会提供）

芒种节气与瑞安淡水养鱼

芒种节气期内气温、水温继续升高，节气日最高气温曾达33℃。鲫鱼、鲤鱼夏花投放完毕，此时注意池塘的缺氧问题，可能会出现泛塘。鱼类常见疾病有烂鳃、肠炎、赤皮病等12种，要注意继续做好防治工作。

芒种节气与瑞安民俗

晒毛虾。芒种季节，毛虾正值产卵期，因此背至尾部带有红膏，而且旺发时间极短。此时毛虾体质正肥，肉质正实，营养价值更好。瑞安沿海一带的渔民就在这个时节忙着晒毛虾，芒种期间晒成的毛虾和虾皮分别称为“芒种虾”和“芒种皮”。芒种过后，毛虾产完卵，虾身就会瘦成纸一样薄了，味道、口感与芒种虾无法同日而语。

送花神。芒种已近五月间，百花开始凋残、零落，民间多在芒种日举行祭祀花神仪式，饯送花神归位，同时表达对花神的感激之情，盼望来年再次相会。此俗今已不再出现。

高楼杨梅节。自2004年以来，在芒种节气期间（6月14日前后），高楼都会举办“杨梅节”活动，以梅为“媒”，不仅使杨梅节成为瑞安的一大节庆盛典，更通过杨梅文化科技展览活动，吸引了各地游客、客商到瑞安旅游观光、采购，很受群众喜爱。

端午节。历年的端午节都出现在芒种日前后至夏至日之间。端午节可是瑞安人十分重视的传统大节，据清嘉庆《瑞安县志》记：“端五，俗称‘重五’，瑞安有吃粽子、门悬蒲艾、画钟馗于壁，傍午饮雄黄酒、沐兰汤，以五色线系小儿臂（命长命线），挂香袋和划龙舟等俗；画钟馗之俗今已废。”有一首民谣更是唱出了瑞安这些习俗的文化内涵，歌曰：“吃爻重午粽，破碎远远送。吃爻雄黄酒，蛇蝎全逃走。重五草头汤，疮瘰洗溜光。重五吃麦麦（炒槐豆），读书考一百。吃爻重五卵，考个生员卵。重五吃大蒜，健康代代传。重五挂香包，蚊蝇逃过山。”当然，端午的纪念意义邑人也没忘。清代石方洛在其《且瓯歌·龙船诗》的末句就深情地唱出了：“一江竞渡胥寻乐，谁为汨罗三闾哭。”今人也有“端午和诗”：“粽香阵阵飘万弄，鼓点声声划龙舟。遥望汨罗江千里，古今谁不赞屈公。”端午瑞安民俗很多，暂且详说二则。划龙舟，《瑞安县志》记：“好事者于四月朔日在社庙中开社击鼓，集众敛钱，为造龙舟之资。舟成必在吉时五更上水（下水），上水时先将龙舟头放在河中农船上，将农船向河心缓缓划出，待龙舟全身下水后，各划后及舵，鼓手口衔杨梅，上舟就位。鼓手先击鼓边，发轻声，各划手用手正面，转身各划水三下，随后鼓手击鼓心发出三巨声，各人口吐杨梅，大呼，‘划啊！’即猛用楫划水向前，仿古战场军队先衔枚埋伏，后呼喊冲锋状，煞是威风。新龙舟上水后，即在邻村或同姓村落献艺，邻村亲戚均摆‘香案’（酒果品、糕饼及面巾、汗衫）相待。”瑞安龙舟一般用 16 档，有划手 30 人，加上杠艄（舵手）敲锣打鼓、唱神、摇旗、催楫等共约 40 人。但也有 18 档的较长龙船，称“龙娘”——它不参加比赛，只当裁判。划龙舟在 1980 年被列入国家体育比赛项目，瑞安划龙舟也已被列入瑞安市第二批非物质文化遗产保护名录。但由于划龙舟容易引发矛盾，为安定团结，从 1980 年起，民间自发的划龙舟活动被有组织的龙舟节等活动替代。

打扫居室。端午前，民间素有打扫居室，喷洒雄黄酒（现改为除虫药品）的习俗，近年政府因势利导开展爱国卫生活动，称“大扫除”。

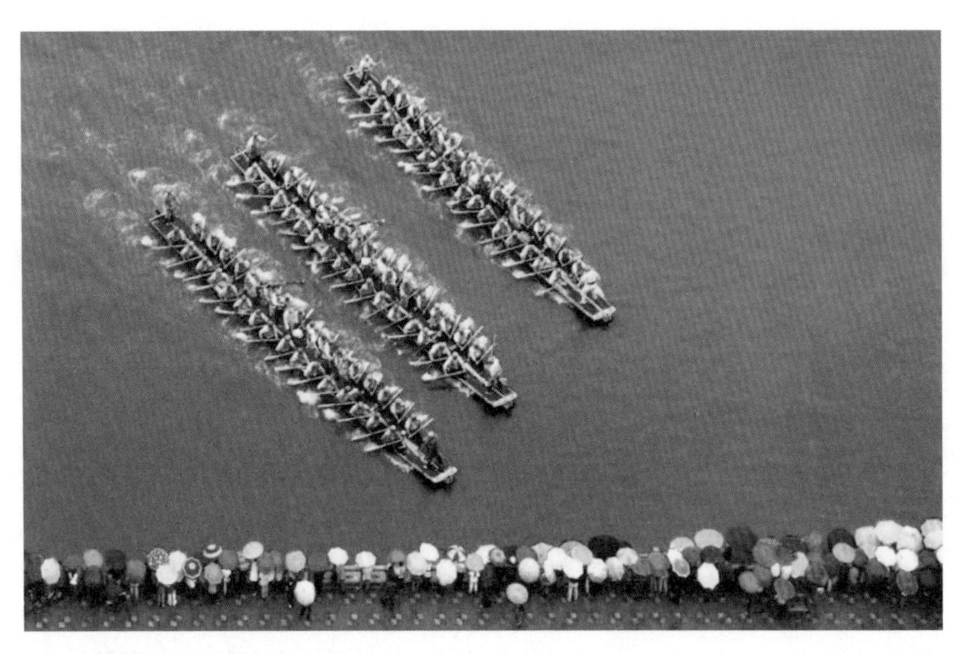

端午节赛龙舟（来源：《瑞安市志》）

夏至——昼至长，夜至短

夏至（公历6月21—23日交节）时太阳运行至黄经90度，太阳直射地面位置到达一年的最北端，太阳光直射北回归线。在北半球，夏至这一天白天最长，出现“日北至，日长至日影短至”，故称为夏至。之后，太阳光直射点开始从北回归线（北纬23°26′）向南移动，白昼时间开始慢慢短起来，正如民间所说：“吃了夏至面，一天短一线。”夏至期间江南气旋活动频繁，瑞安常出现大到暴雨。夏至节气期间还是瑞安的梅汛期，但出梅期常会在夏至节气期后期出现，故抓好防梅汛工作的同时，还要为出梅后的防旱做谋划。

夏至节气与瑞安气候

夏至节气的瑞安历史平均气温25.9℃。极端最低气温17.0℃，出现在1989年6月22日；极端最高气温35.6℃，出现在2016年6月22日。历史平均降水量9.4毫米，夏至日常年历史平均降水概率为77.8%。

1959—2020年夏至节气期间瑞安重大天气事件主要如下。

从夏至节气期间开始出现4次干旱，分别为：1964年6月28日—8月17日，夏秋旱51天；1971年6月24—9月18日，夏秋旱87天；1991年6月29日—9月4日，夏秋旱68天；1998年6月24日—10月10日，夏秋旱106天。干旱的4年，干旱都给当年的瑞安工农业和居民生活带来较大影响。

1973年7月5—6日受东风波影响，瑞安各地出现暴雨大暴雨，城关36

小时降水 201 毫米，桐溪 8 小时降水 300 多毫米，引发山洪。1979 年 6 月 21 日，塘下鲍田遭龙卷袭击，毁房 13 间。2007 年 6 月 24 日下午，仙降项岙村遭雷击死亡 1 人。2014 年 7 月 10 日，锦湖芦浦水库边一人钓鱼遭雷击死亡。2002 年 6 月 24 日，安阳马鞍山最高气温达 38.9℃，为历史最高。

夏至节气与谚语

日长长到夏至，日短短到冬至。

夏至刮西南，鲤鱼伏深潭。（干旱）

夏至有雷三伏热。

夏至时辰发东北（风），棉衣烂掉白白歇。（雨多霉多）

夏至东南风，平地把船撑。（夏至前后开始刮东南风，意味着当年的雨水将特别多）

夏至节气与瑞安农事

此时，瑞安早稻正处扬花至灌浆期，也是水稻生育的关键期，要做好二化螟、纹枯病、稻纵卷叶螟、稻飞虱、细菌性病害的调查与预测，及时开展防治。连作晚稻开始播种，平原单季稻开始移栽，春季白银豆开始采收，“清明早”茶追施夏肥，早熟花椰菜开始播种育苗。早熟杨梅采收完毕，晚熟品种东魁杨梅开始采摘。该期间仍处梅雨期，要注意做好杨梅的防雨措施。早熟葡萄逐渐进入旺采期，台汛期即将来临，葡萄大棚要注意加固。夏至雨水较多，防病虫草害不能忽视。同时，要在梅雨结束前对红美人品种和脐橙品种柑橘的炭疽病进行第二次喷药防治。

花椰菜基地（来源：瑞安市老科技工作者协会提供）

夏至节气与瑞安淡水养鱼

夏至期间，天气闷热，雨水多。池塘红虫生长迅速，容易引起池塘缺氧、浮头。鱼摄食旺盛，草鱼容易患出血病而死亡，常见鱼类疾病与芒种节气期鱼病相同。

夏至节气与瑞安民俗

吃豆糕、豆丸子。以夏至节气为起点，天气开始炎热，人们食欲不振，因此，人们在夏季易消瘦，即所谓“苦夏”（也称“疰夏”，属中医学名词），它是一种季节性病症。古人早就提倡“夏至防疰夏”，胡朴安的《仪征岁时记》中记述：夏至节人家研豌豆粉，拌蔗霜为糕，馈赠亲戚，杂以桃杏花红各果品，谓食之不疰夏。现在一些农村夏至时还依然吃豆糕、豆丸子等。

过“夏九九”。夏至过后，天气更热了，因此古人有过“夏九九”的习俗，“夏九九”就是夏至向后八十一天，分为九段，每段九天。有歌曰：“一九和二九，扇子不离后。三九二十七，喝茶似蜜汁。四九三十六，争向外头宿。五九四十五，树头叶子舞。六九五十四，乘凉不入室。七九六十三，夜眠寻被单。八九七十二，竹席嫌太冷。九九八十一，蒲扇往外摔。”形象地总结了“夏九九”每个阶段的生活习俗。

夏至这一日，过去有的地方还称体重验肥瘦，“慎起居，禁诅咒，戒剃头”，以求平安吉利。

小暑——炎热开始

小暑（公历7月6—8日交节）是直接反映温度状况的节气。暑表示炎热，小暑为小热，还未到最热。此日太阳到达黄经105度。从小暑开始，进入伏天，标志着瑞安已进入炎热时节。此时农村大部分早稻处于灌浆乳熟期，需加强水的管理，防止高温伤害。小暑面临梅汛期和干旱期的转折，在抓好防汛防台风的同时，还要加强蓄水防旱，力求“两不误”。

小暑节气与瑞安气候

小暑日瑞安历史平均气温28.0℃。极端最低气温18.9℃，出现在1992年7月7日；极端最高气温36.1℃，出现在2007年7月6日。历史平均降水量7.3毫米，常年小暑日降水概率为62.2%。

1959—2020年小暑节气期间瑞安重大天气事件主要如下。

出现影响严重的台风6个。1959年7月16日，受1号台风影响，瑞安城关日降水92.2毫米。1981年7月23日，受8号台风影响，城关24小时降水102毫米，丽岙有山洪。1989年7月20—23时。受9号台风影响，瑞安各地48小时雨量在200～260毫米，引发山洪农田受淹，死亡4人。经济损失1845万元。2000年7月19日17时，受5号台风海棠影响，瑞安各地24小时雨量均超300毫米，北麂阵风风力达12级、安阳为11级，经济损失8.3亿元。2006年7月14日，受4号强热带风暴影响，内陆与海面阵风8～10级，过程雨量151～292毫米，经济损失5192万元。2018年7月10—12日，8号台风影响瑞安，西部山区出现大暴雨，经济损失3966万元。

从小暑节气期间开始的干旱有2次：1976年7月8日—8月29日，夏秋旱53天；1995年7月7日至9月27日，夏秋旱83天，当年瑞安域内四大水系河道干涸，部分断流。

出现高温天气4次。1988年7月22日城关最高气温38.7℃；1998年7月14—18日各地连续5天日最高气温均≥35℃；2003年6月28日至8月底，各地出现1959年以来未遇的高温天气，高楼、曹村日最高气温≥35℃的高温日数分别多达60天和47天，其中7月13—15日连续3天最高气温均>40℃。2012年7月10—12日城关马鞍山最高气温37.8℃，西部地区有10个站点最高气温≥40℃（温州资料分析为百年未遇）。

出现龙卷、冰雹各1次。分别为1981年7月11日下午鹿木河岙出现龙卷，10间民房瓦片被卷走。1985年7月18日下午高楼、永和、平阳坑下冰雹，大如鸭蛋。

1999年6月24日出梅后，7月2—16日连续15天阴雨，日照仅19.8小时，雨量却有186毫米，俗称倒黄梅。

小暑节气与谚语

小暑热得透，大暑凉飕飕。

小暑热过头，秋天冷得早。

小暑不见日头，大暑晒开石头。

小暑一声雷，黄梅去又回。

小暑大暑，有米懒煮。

酿禾落勿到梅头，酿禾落勿到东洛。（酿禾是瑞安人对雷阵雨的俗称，东洛指北麂。意为雷阵雨从山区开始向东，很少下到沿海及海岛）

小暑节气与瑞安农事

早稻进入成熟期，要加强后期田水管理，干干湿湿，防止断水过早。山区单季稻进入幼穗分化期，酌施穗肥。连作晚稻进入播种期，早稻开始收割。做好夏菜采收及田间管理，分批播种速生蔬菜。节气期内（7月中下旬）要对全

成熟期早稻（瑞安市农业农村局提供）

市茶园的茶牙虫红蜘蛛虫害进行第一次防治。小暑面临梅汛和高温干旱的转折期，在抓好防汛的同时，还要及时掌握气象预报信息，加强蓄水防旱，力求防汛、防旱两不误。

小暑节气与瑞安淡水养鱼

小暑后，天气开始炎热，气温、水温均升高，各种鱼类摄食旺盛，生长快速。夏花鱼种销售基本完毕，当年水花鱼苗已成寸片。在此高温期间，三代虫、指环虫很少，池塘红虫生长迅速，容易引起池塘缺氧、浮头。鱼类常见疾病有烂鳃、肠炎、赤皮病、痘疮病、坚鳞病、锚头蚤、三代虫病、指环虫病、小瓜虫病、车轮虫病、孢子虫病、草鱼出血病、锥体虫病、隐鞭虫病，要及时防治。

小暑节气与瑞安民俗

晒霉。农历六月初六，民间俗称为“六月六”，出现在小暑至大暑节气期。直至现在民间都有在这一天曝晒物品的习惯。家庭妇女翻箱倒柜翻晒衣服、被褥、鞋帽，文化人晒书画，农民晒种子，寺庙僧侣晒经书……俗信在“六月六”晒过的物品不霉、不蛀、不腐，可长久存放。

染指甲。在“六月六”这一天，民间女孩子都喜欢染红指甲。过去用的材料是凤仙花，瑞安人称之“指甲花”，因它染色难退，也叫“透骨花”。这个习俗至今仍在一些地方流行。

洗头发。过去瑞安农村妇女都会在“六月六”这一天洗头发，用的材料是木槿（一种多年生落叶的小乔木，俗称“青月藜”）的叶子，将这种叶子浸泡在水中，用手反复搓捏，使其渗出汁，然后用来洗头，据说去污功能很强，洗过的头发净爽、松柔、黑亮，既环保又省钱。当然，现代已有许多高档洗发水，妇女们工作繁忙，很少采用这原始办法了。

大暑——热在三伏

大暑（公历7月22—24日交节）也是直接反映温度特征的节气，暑代表炎热，那么大暑便是“大炎热”、炎热之极。此时太阳到达黄经120度。大暑正值中伏前后，是一年中最炎热的时候。近30年与大暑节气期基本重合的7月下旬，瑞安历史平均气温28.9℃，8月上旬历史平均气温28.7℃，均为全年历史旬平均最高。瑞安地处浙南沿海，大暑节气期间也是台风灾害频繁影响期，应同时做好防台风、防旱、防高温工作。

大暑节气与瑞安气候

大暑节气日历平均气温28.9℃，极端最低气温22.0℃，出现在1993年7月22日；极端最高气温38.7℃，出现在1988年7月22日。大暑日历史平均降水量5.5毫米，常年大暑日降水概率为38.7%。

1959—2020年瑞安大暑节气期间重大天气事件主要如下。

出现严重影响的台风12个（含东风波）。

1962年8月6日，受8号台风影响，瑞安城关日降雨95毫米；城关阵风风力达13级；农田被淹7000亩[①]。

1972年8月1—2日，受7号台风影响，瑞安城关日降雨106毫米；城关

① 1亩≈0.067公顷，下同。

阵风风力达 9 级；农田被淹 4.6 万亩，塌屋 226 间。

1975 年 8 月 3—5 日，受 5 号台风影响，瑞安城关日降雨 147 毫米，解除了旱情。

1984 年 8 月 6 日，受 5 号台风影响，瑞安城关日降雨 147 毫米，解除了旱情。

1977 年，4 号台风影响瑞安，日降雨 90 毫米，缓解了旱情。

1984 年 8 月 6 日，7 号台风导致瑞安农田淹没 8.4 万亩，塌屋 91 间，死亡 2 人。

1985 年 7 月 30 日，6 号台风在玉环登陆，瑞安城关日降雨 167 毫米；北麓阵风风力达 13 级；毁船 68 艘，塌屋 21 间，死亡 1 人。

1987 年 7 月 27 日，受 7 号台风影响，瑞安城关日降雨 167 毫米；经济损失 7194 万元，死亡 9 人。

1996 年 8 月 1 日，受 8 号台风影响，瑞安 50 小时西部山区降雨量 250～462 毫米，东部平原降雨量 110～236 毫米，全市死亡 2 人。

2002 年 7 月 31 日，受东风波影响，瑞安城关日降雨 158 毫米；莘塍、上望等地沿海大面积瓜菜被淹。

2008 年 7 月 28 日，受 8 号台风影响，城关和北麓阵风风力均达 11 级；全市经济损失 3800 万元。

2010 年 7 月，受东风波影响，7 月 23 日 20 时至 26 日 20 时城关雨量 204 毫米，顺泰 360 毫米；全市经济损失 6600 万元。

2012 年 8 月 3 日，受 9 号台风影响，瑞安全市观测 48 小时降雨量＞100 毫米的站点有 22；海面阵风达 11 级，内陆 7～9 级。

2020 年 8 月 4 日，受 4 号台风影响，瑞安全市观测日降雨量＞100 毫米的站点有 24 个，观测日降雨量＞200 毫米的站点有 3 个（都在瑞安东部）。

出现高温天气 2 个。1987 年 8 月 1 日，城关最高气温 37.2℃，为此前历史最高。2013 年 8 月 4 日，马鞍山最高气温 38.7℃，为 1959—2020 年次高。此外，1991 年 8 月 5 日 17 时 15 分，龙卷袭击马屿，受淹农田 4 万亩，塌屋 8 间，死亡 4 人。2009 年 7 月 22 日—8 月 15 日，出现盛夏少见的连阴雨日照仅 104 小时，为近 50 年次少值。

台风凤凰携暴雨影响瑞安（来源:《瑞安市志》）

大暑节气与谚语

热在三伏。

大暑不割禾，一天少一箩。

大暑展秋风，秋后热到狂。

夏雨隔炭堆。（夏季雷阵雨局地性很强）

西风不过午，过午会闯祸。

大暑节气与瑞安农事

早稻收割完成，山区单季稻进入孕穗期，连作晚稻开始移栽，要加强田间肥水管理，薄水移栽，浅水养穗。根据天气变化，晴天多割，阴天多栽。连作晚稻移栽应抢在立秋之前完成。农业技术人员要加强田间调查，对单季稻及移栽的连作晚稻田的二化螟、稻纵卷叶螟和稻飞虱进行全面防治，早查早防，对未移栽的秧田也要带药下田防治。中熟葡萄处采摘旺期。酷暑盛夏，蒸发特别快，旺盛生长的作物对水分的要求更为迫切，此时要加强灌溉工作。

收割机割稻（篁社粮友合作社）
（来源:《瑞安市志》）

大暑正处台风频繁影响期，要及时了解中短期天气预报，做好防御台风大风，暴雨和洪涝灾害的各项工作。

大暑节气与瑞安淡水养鱼

淡水养殖：节气期间气温最高，历史节气日最高气温曾达 38.7℃，雷雨较多，水温也很高，鱼塘注意增氧，还要防台风洪涝灾害。三代虫、指环虫很少，寸片鱼种生长迅速；鱼类常见疾病与小暑期发生的 14 种病害相同。

大暑节气与瑞安民俗

吃伏茶。伏茶，顾名思义，是三伏天喝的茶，尤其是中伏，天气炎热，容易中暑，为降温防暑，民间有喝伏茶的习俗，即用白茅根、苇茎、藕节、竹心等甘凉草药煎煮代茶，也即“伏茶”。不仅每户人家自行煎吃，旧时，有善心之人还将“伏茶”摆在宫庙门口或街市路旁，任人饮用，以解苦力、车夫、路人之渴。这种美德现在仍有保留，在一些商店门口或者乡间，山区路亭中会有人摆起大茶缸，免费供应伏茶给过路行人解渴。

吃青草豆腐。大暑节气来临，瑞安人有吃青草豆腐的习俗。“青草”即凉粉草，是一味古老的中药，将凉粉草的地上部分洗净、切段、晒干或半干，堆叠、闷之，使其自然发酵变黑，然后煎汁、浓缩、晾凉成冻，便是青草豆腐，清凉解毒，生津止渴，过去不少家庭都能自制食用。每到夏天天气炎热时，常有走街串巷的小贩骑着三轮车，顶着烈日，边蹬车边高喊：“青草豆腐哎……青草豆腐哎……”这时买下一碗青草豆腐，讨要一些薄荷水，撒上一勺白糖，便可在蝉鸣声中享受冰镇青草豆腐带来的清凉了。

秋
立春
雨水
惊蛰
春分
清明
谷雨
立夏
小满
芒种
夏至
小暑
大暑
立秋
处暑
白露
秋分
寒露
霜降
立冬
小雪
大雪
冬至
小寒
大寒

立秋——秋风渐来

立秋（公历 8 月 7—9 日交节）是反映季节变化的节气，不仅表示秋天即将开始，而且还预示草木开始结果孕子，收获的季节要到了。立秋日太阳到达黄经 135 度，但气象学划分标准是连续 5 天日平均气温稳定小于 22℃的初日才是秋天的开始，而近 30 年瑞安稳定小于 22℃的历史平均初日为 10 月 14 日，因此瑞安实际的入秋时间比立秋节气平均迟了大约 66 天。立秋节气期间长江中下游地区仍受副热带高压控制，故立秋期天气依然炎热。浙闽沿海常受西太平洋台风侵扰，因此，立秋期间还是瑞安的主要台汛期，应防台风、防旱、防高温“三不误”。

立秋节气与瑞安气候

立秋日瑞安历史平均气温 28.7℃，极端最低气温 22.9℃，出现在 1987 年 8 月 9 日；极端最高气温 37.5℃，出现在 2013 年 8 月 8 日。立秋日历史平均降水量 11.3 毫米，常年立秋日降水概率为 57.8%。

1959—2020 年瑞安立秋节气期间的重大天气事件主要如下。

出现严重影响瑞安的台风 16 个。

1960年8月1日，受7号台风影响，瑞安城关日降雨165毫米，多地气象观测场被淹；城关阵风风力达8级。

1960年8月，受8号台风影响，8—12日过程降雨量达257毫米，水漫多地气象观测场；城关阵风风力达9级。

1965年8月20日，受13号台风影响，瑞安城关日降雨250毫米；城关阵风风力达9级；山洪暴发，农田被淹，毁房21间，死亡36人。

1972年8月17日，受9号台风影响，瑞安城关日降雨92毫米；城关阵风风力达13级；农田被淹24.67万亩，房屋损毁1029间，死亡6人。

1975年8月12—13日，受4号台风影响，瑞安城关日降雨59毫米；城关阵风风力达9级；多地出现大暴雨，农田被淹7万亩，塌屋430间。

1990年8月20日，受12号台风影响，瑞安城关日降雨133毫米，西部地区48小时降雨量在200～300毫米，导致山洪暴发和洪涝灾害，许多乡镇洪水漫至二楼，经济损失3710万元，死亡3人。

1994年8月7—9日，受14号台风影响，瑞安各地城关日降雨量在98～136毫米；城关阵风风力达8级，北麓12级以上大风持续6小时；全市塌屋1102间，毁船7只，死亡2人。

1994年8月21，受17号台风影响，瑞安城关日降雨323毫米；城关阵风风力达13级，北麓12级以上大风持续23小时；飞云江潮位6.88米，风暴潮导致全市经济损失超过45亿元，死亡360人。

2003年8月20日，受11号台风影响，瑞安城关日降雨83毫米，其中曹村达260毫米；农作物绝收800亩，塌屋31间，但旱情得到解除。

2004年8月12日，受14号台风影响，瑞安城关6小时降雨108毫米，各地6小时降雨量在100~172毫米；城关阵风风力达11级，北麓达14级；全市经济损失5650万元。

2004年8月24—25日，受18号台风影响，瑞安城关日降雨143毫米，城关阵风风力达10级，北麓达11级；全市总经济损2.06亿元。

2006年8月10日，受8号台风影响，瑞安城关各地24小时降雨量在76～266毫米；城关风力10～12级，北麓阵风风力达13级；全市经济损失2.15亿元。

2007年8月19日，受9号台风影响，瑞安城关各地96小时降雨量在155～321毫米；城关阵风风力达9级，北麓达11级；全市经济损失0.51

亿元。

2009年8月9日，受8号台风影响，瑞安城关日降雨194毫米；城关风力10～11级，北麓阵风风力达13级；全市经济损失2.15亿元。

2015年8月8日，受8号台风影响，瑞安城关日降雨79毫米，其中枫岭达366毫米；城关阵风风力达9级，北麓达12级；全市经济损失2.55亿元。

2019年8月，全市观测48小时降雨量＞100毫米的有6个站点，观测大风达8级以上的有48个站点，城关阵风风力达9级，北麓达14级，全市经济损失2.088亿元。

出现冰雹2次。1986年8月20日18时15—30分，冰雹大风袭击高楼7个乡，风力达10级，雹粒大如鸡蛋，小如槐豆，降雹后大地一片白茫茫。2017年8月16日下午，芳庄等地出现冰雹。

2014年8月19日14时至20日07时，瑞安出现非台风大暴雨，城关马鞍山17小时降雨量为78毫米，宁益17小时降雨量达201毫米，发生山洪，经济损失3465万元。

出现从立秋节气期间开始的干旱1次。1967年8月3日—11月17日连旱107天，温瑞塘河，河床干涸可行人。

另外，2002年8月14日，林溪工艺厂遭雷击致1人死亡。

立秋节气与谚语

立秋后三场雨，夏布衣裳高搁起。

立秋无雨秋干热，立秋有雨秋落落。

早立秋冷飕飕，晚立秋热死牛。

六月立秋，两头不收。

七月立秋，种啥啥收。

立秋处暑，上蒸下煮。（“秋老虎”天气）

立秋节气与瑞安农事

连作晚稻需早追肥，及时除草，早管促早发。单季晚稻处于孕穗期，混栽区单季稻及连作晚稻田重点预防细菌性病害，山区单季稻重点预防细菌性病害和稻瘟病。立秋后要防杨梅黑斑病。茶园需进行人工除草，若用除草剂，要按用药规定操作。温州蜜柑、瓯柑施秋肥，马蹄笋采收接近尾声。虽是立秋，但仍处最炎热时期，一些蔬菜的播种注意采用覆盖遮阳网等降温方式进行。立秋也是农作物产量形成的关键时期，因此需加强田间管理，做好防台风、防涝、抗旱、追肥中耕除草、保花保果及病虫防治等工作。

瓯柑（来源：《瑞安市志》）

立秋节气与瑞安淡水养鱼

“早晨立了秋，晚上凉飕飕”，立秋期间早晚温差开始增大。三代虫、指环虫开始一年中的第二次流行，一龄草鱼苗开始爆发出血病，死亡严重；此节气期鱼类常见疾病与大暑相同。

上市马蹄笋（来源：《瑞安市志》）

立秋节气与瑞安民俗

农历七月初七是我国传统的七夕节，俗称“七月七”，一般在立秋前夕至处暑节气期（8月）到来，自古以来一直是瑞安人十分喜爱的浪漫节日。传说牛郎、织女每年都会在这一天相会，从而便有了许多流传至今的习俗。

吃巧果。巧果也叫巧人，瑞安人叫巧食，是“七月七”的主要应节食品，据说源于魏晋，产生于宋，明代以后吃巧食就很流行了。巧食分面巧和粉巧，粉巧大多用粳米和糯米粉自制，有甜味和咸味之分。“面巧”用麦面做成，分油炸和烙制，油炸的面巧较宽而薄，形如舌头，表面有芝麻，俗称麻巧；而烙制的面巧正面用模子印着各类人物如状元、仙女等，故称巧人，大多是食品店和作坊制作。

送巧。民间也称“送七月七”，瑞安人将其列为“四季八节”之一。每年“七月七”，父母要给女儿家送巧，舅父要给外甥家送巧，其礼品主要是巧食。送礼的巧食一般都是从食品店购买的。

观天认星。每年“七月七”夜晚常常是天空蔚蓝，星月交辉，人们打扫庭院或阳台，孩子们围坐在长辈周边，一边吃巧食，一边请大人指点，认看天空的星斗，聆听牛郎织女的美丽故事。

麻巧

此外还有换巧、乞巧、敲瓦铃等习俗。清代郭钟岳有一首竹枝词：“七月七日夜正中，儿童击瓦声冬冬。穿针欲绣天孙锦，换巧须移造化功”，就是描述七夕节儿童们月下乞巧、换巧等活动的快乐情景。

处暑——暑热将退

处暑（公历 8 月 22—24 日交节）也是反映气温特征的节气。“处”是躲藏的意思，处暑一过，炎热的盛夏日渐消失。处暑日太阳到达黄经 150 度。浙江各地处暑气温比立秋降 1℃左右，瑞安也在此降幅之内。但有的年份仍很热。如 1963 年 9 月上旬瑞安还有 35℃的极端最高气温出现，2020 年 8 月 23 日安阳马鞍山最高气温 35.9℃。同时，处暑节气期间，西太平洋台风很活跃，近 60 年严重影响瑞安台风有 17 个，为全年各节气最多。

处暑节气与瑞安气候

处暑日瑞安平均 28.5℃，极端最低气温 20.1℃，出现在 1977 年 8 月 24 日；极端最高气温 35.9℃，出现在 2020 年 8 月 23 日；历史平均降水量 10.7 毫米，常年处暑日降水概率为 55.6%。

1959—2020 年瑞安处暑节气期间重大天气事件主要如下。

出现严重影响瑞安的台风和非台风大暴雨过程 17 次。

1959 年 8 月 30 日，受 4 号台风影响，瑞安城关日降雨 83 毫米，各地 96 小时降雨量 155～321 毫米；城关阵风风力达 9 级。

1959 年 9 月 4 日，受 5 号台风影响，瑞安城关日降雨 173 毫米，城关阵风风力达 9 级。

1966 年 9 月 3 日，受 14 号台风影响，瑞安城关日降雨 110 毫米，城关阵风风力达 9 级；莘塍、汀田伴有龙卷，全市 5 人死亡。

1973 年 8 月 27 日，受热带气压影响，瑞安 12 小时降雨 117 毫米，其中塘下、桐溪 6 小时降雨超 150 毫米；部分茶园被淹。

1980 年 8 月 28 日，12 号台风引发风暴潮，飞云江最高潮位 5.95 米，梅头至新华 700 米新海堤被毁。

1982 年 8 月 30 日，受 9 号台风影响，瑞安城关日降雨 96 毫米；城关阵风风力达 9 级；农田被淹 18.1 万亩，塌屋 276 间，死亡 10 人。

1985 年 8 月 23 日，受 10 号台风影响，瑞安城关日降雨 130 毫米；城关阵风风力达 8 级；海水倒灌，农田受淹，经济损失超 1100 万元。

1987 年 9 月 2 日发生大暴雨，飞云江沿岸马屿、高楼 12 小时降雨量 200～300 毫米；农田被淹 2 万亩，塌屋 2 间，死亡 1 人。

1990 年 9 月 5 日，受 17 号台风影响，瑞安城关日降雨 128 毫米；城关阵风风力达 7 级，北麓达 8 级；晚稻被淹 8.2 万亩，塌屋 3 间，经济损失 435 万。

1992 年 8 月 31 日，受 16 号台风影响，瑞安城关日降雨 209 毫米；城关阵风风力达 8 级，北麓达 11 级；飞云江最高潮位 6.5 米，特大风暴潮持续 3 天；全市死亡 4 人，经济损失 2.2 亿元。

1994 年 9 月 2 日，受 18 号台风影响，西部地区发生大暴雨，其中曹村、潘山、宁益 24 小时降雨量在 160～220 毫米，天井垟被淹 12 小时，全市死亡 2 人。

1999 年 9 月 3—4 日，9 号台风引发特大暴雨，宁益、潘山、六科、岩头、桐溪、曹村 24 小时降雨量在 170～260 毫米；全市死亡 3 人，经济损失 6.5 亿元。

2000 年 8 月 23 日，受 10 号台风影响，瑞安城关日降雨 70 毫米，西部 36 小时降雨量 210～280 毫米；城关风力 7～8 级，北麓 10～11 级；部分地方发生洪灾，经济损失 2576 万元。

2001 年 8 月 30—31 日，西部发生大暴雨，24 小时降雨量：宁益 201 毫米，六科 119 毫米，岩头 102 毫米，潘山 88 毫米。

2004 年 8 月 25 日，受 18 号台风影响，瑞安城关日降雨 143 毫米；城关阵风风力达 10 级，北麓风力 11~12 级；全市 37 个乡镇受灾，经济损失 2.06 亿元。

2007 年 8 月 19 日，受 9 号台风影响，瑞安城关日降雨 57 毫米，其中六科 48 小时降雨 274 毫米；城关阵风风力达 9 级，北麓达 11 级；经济损失 5161 万。

出现龙卷 2 次。1959 年 9 月 2 日，塘下新华遭遇龙卷袭击，毁坏民房十余间。1969 年 8 月 28 日仙降遭遇龙卷大雷阵雨，毁坏民房数间。

强对流大暴雨 2 次。2007 年 8 月 28 日夜，安阳 1 小时降雨 52 毫米，导致一处山体滑坡，压死 2 人。1996 年 8 月 23 日城关日降水 122 毫米，导致街道积水 40～60 厘米，西部出现洪涝。

处暑节气与谚语

处暑雨，粒粒皆是米。

雷打东港口，台风刮捣臼。（东港口为东南海口，台风期间出现雷电兆大风雨）

处暑天不暑，炎热在中午。

处暑天还暑，好似秋老虎。

汰浪汰勿到山头。（汰浪是瑞安人对秋季偏东风气流中产生的时晴时雨天气的俗称。意为从东南海上移过来的小阵雨，下不到山区）

处暑节气与瑞安农事

连作晚稻从分蘖期进入幼穗分化期，山区单季稻处于孕穗至抽穗期，平原单季稻处于拔节孕穗期，是产量形成的关键期，也是虫害发生敏感期，各类水稻主要虫害是二化螟、稻飞虱、稻纵卷叶螟，农业技术人员要加强调查，及时防范。春季白银豆采收结束，再生白银豆要加强管理。瓜果蔬菜等成熟作物要及时采收。此时还处台汛中期，要继续做好台风防御工作，减少作物倒伏、淹没、果实掉落等农业损失。

处暑节气与瑞安淡水养鱼

“处暑白露节，夜凉白天热”，本节气昼夜温差进一步拉大。水温开始降低，但增氧不能减少，秋风大但不能贪图省电而少开增氧机。草鱼出血病流行严重，一龄草鱼苗流行出血病。此节气期鱼类常见疾病与立秋相同。

处暑节气与瑞安民俗

农历七月十五日是我国传统的中元节（属于道教），也称盂兰盆节（属于佛教），民间则称其“七月半”鬼节，与清明、农历十月十五日合称民间三大鬼节。“七月半”一般在每年的立秋至处暑节气期间。瑞安人很重视“七月半”，这是清明之后的又一个重要祭祀日，因此留下了许多习俗。

祭祀祖先。农历七月十五日（也有的会提前几天），家家户户要买一些水产品、酒肉、蔬菜、九层糕，在家里摆成酒宴，祭祀祖先。仪式时，请出祖先牌位置于酒桌上，放上筷子、酒杯，烧香点烛，待酒过三巡后焚烧纸钱，下辈儿孙叩拜。祭祀完毕后，全家入座共享祭祀后的酒肉菜蔬。现在祭祀礼俗已逐渐去除迷信色彩，保留祭祀形式，作为对祖先的怀念。

祭祀祖先

做道场。旧时城乡各地多做普利道场“渡鬼魂”，简称“普渡”，分为“公渡”和“私渡”。“公渡”以寺庙为中心，由地方富豪、信徒或寺庙中的主持者任主祭人。“私渡”由各家自行请僧道在家或祠庙里进行，需置供品、酒肉招待已逝长辈亡灵，并给他们及其他已逝亲友烧纸钱。道场有大有小，有的做一天或三天，也有做七天七夜的。莘塍一带有从农历七月初二到各村轮流做道场的习俗。道场虽系迷信，但其内涵是“孝”和“仁”，所以有的地方将农历七月十五日称为“孝义节”。道场现在民间仍然很有市场。

饮凉茶。每当处暑期间，家家户户有煎凉茶的习惯，先去药店配制药方，然后在家煎茶备饮，意谓入秋要吃“苦”，在清热去火、消食、除肺热等方面颇有好处。

此外，还有烧散纸、放河灯，屠户拜矮凳等习俗，但现在已逐渐消失。

白露——露如白珠

白露（公历 9 月 7—9 日交节）是气温降低，夜间草木上可见白色露水的意思。古人以四时配五行，秋属金，金色白，以白形容秋露，故名“白露”。白露日太阳到达黄经 165 度。白露是反映自然界寒气增长的节气，随着太阳直射点南移，北半球冷空气活动也开始活跃，气温下降明显。瑞安 9 月中旬平均气温比上旬降低近 1℃，有些年份在白露节气期间还会出现秋季低温。但副热带高气压带还未完全南压，地处东南沿海的瑞安，台风影响还会光临，冷暖气团碰撞也能偶发强对流。

白露节气与瑞安气候

白露日瑞安历史平均气温 26.7℃，极端最低气温 19.1℃，出现在 1987 年 9 月 9 日；极端最高气温 35.5℃，出现在 1995 年 9 月 7 日。历史平均降水量 7.9 毫米，常年白露日降水概率为 55.6%。

1959—2020 年瑞安白露节气期间重大天气事件主要如下。

出现严重影响瑞安的台风 8 个。

1962 年 9 月 6 日，受 14 号台风影响，瑞安城关日降雨 109 毫米，城关阵风风力达 9 级。

1963 年 9 月 12 日，受 12 号台风影响，瑞安城关日降雨 121 毫米；城关阵风风力达 13 级；农田被淹，作物损失严重，冲毁山区小型水利工程 12 处，塌房37间。

1986年9月19—20日，受17号台风影响，北麓阵风风力达13级；时值中秋大潮海水倒灌，导致农田被淹3200亩，冲毁虾塘612亩，经济损失600万元以上。

1987年9月10日，受12号台风影响，瑞安城关日降雨214毫米；北麓阵风风力达10级；发生山洪和海水倒灌，农田被淹36.16万亩，塘下粮库500吨仓储粮被淹无法食用，2人死亡。

1990年9月8日，受18号台风影响，瑞安城关日降雨112毫米，其中潘山日降雨量289毫米；北麓阵风风力达10级；全市塌屋86间，农作物无收6.8万亩；105村洪水围困76小时，经济损失7161万元。

2002年9月7日，受16号台风影响，瑞安城关日降雨191毫米，其中潘山日降雨量289毫米；城关阵风风力达12级；作物无收6.8万亩，塌屋86间，105村被洪水围困76小时，经济损失7161万元。

2007年9月17日，受13号台风影响，瑞安各地56小时降雨量在205～370毫米；城关阵风风力达9级，北麓达12级；塌屋592间，经济损失1.72亿元。

2016年9月15日，受14号台风影响，瑞安40小时降雨68毫米，中西部有19个站点观测降雨量在117～286毫米；城关风力7~10级，北麓阵风风力达10级；经济损失1280万元。

发生干风、冰雹、低温、雷击事件4个。1976年9月7—13日出现持续7天的西北干风，严重影响该年晚稻生长。1986年9月11日16时30分至17时，冰雹袭击全坪、岭雅、瑶庄、积雹深16厘米，雹粒最大如饭碗。中稻被打光，损失粮食89.1万千克。1994年9月12—14日安阳出现连续3天日平均气温≤23℃的低温阴雨天气，严重影响晚稻安全齐穗。2003年9月17日瑞安出现大范围雷击天气，外滩数幢高楼共7台电梯被感应雷击损停开，红十字医院多台电脑主板、交换机、信号收发器被击坏。

白露节气与谚语

过了白露节，夜寒白天热。

草上露水凝，天气一定晴。

白露秋分夜，一夜凉一夜。

秋雷莆莆，水满过屋。（秋天连续打雷兆大雨）

秋雨隔牛背。（立秋后汰浪天（指云系较多的天气）中的小阵雨，局地性很强）

白露节气与瑞安农事

连作晚稻处于孕穗期至抽穗期，山区单季至灌浆期，平原单季稻抽穗至灌浆期，此时各类水稻易发细菌性病害及二化螟、稻纵卷叶螟、稻飞虱等虫害，需及时调查和防治。

猕猴桃开始进入采摘期，地膜红芽芋可采收。大棚草莓开始定植，大棚番茄开始播种，大棚嫁接茄子可定植；露天大白菜、榨菜、盘菜、芹菜等开始播种育苗；秋黄瓜、大棚越冬丝瓜可种植，各种蔬菜播种后均需加强水分管理，精细做畦，以促进全苗壮苗。枇杷施花前肥为中心，以促进花芽充实，延长开花期，增强花果防冻能力。杨梅剪除枯枝及主干上发的无效萌蘖，视旱情况浇水保墒，促使秋梢生长充实。对本市茶树蚜虫、红蜘蛛进行第二次喷药防治。继续抓好抗旱防台风工作，还要注意“秋老虎”影响，加强灌溉，减少高温干旱对菜类出苗影响。

猕猴桃

白露节气与瑞安淡水养鱼

白露正处夏、秋两季天气转折关头，气温日变化大，白天、夜里温差可达10℃或以上。有露天居多，温度适宜，鱼类生长速度加快。夜晚鱼塘水面开始起雾，需开启增氧机。鱼类常见疾病有草鱼出血病、三代虫病、烂鳃、肠炎、车轮虫病，三代虫病、指环虫病减少。

白露节气与瑞安民俗

吃白毛鸡。白露日，瑞安民间有食白毛鸡（和草药烹煮）以补体的习俗。

欢度中秋节。农历八月十五日，是我国传统的中秋佳节，它又称仲秋节、团圆节、月节、月饼节。从节气序列中排，常处白露节气期至秋分。中秋节是我国三大传统节日之一，瑞安人一直将它看得很重，也有不少自己的特色习俗。

祭月与赏月，过去民间俗称“拜月光”。农历八月十五日晚上，在自家庭院里有月光照到的地方放一张桌子，摆上时令水果（一定要有西瓜），在桌子当中放一只米筛，筛中置一只大月饼。待月亮升起时，女主人点上几炷香，全家老少面向天空月亮遥遥祭拜，许愿祈福。祭月完毕，一家人围坐桌边，将米筛中大月饼按人数分切，未到或在外地的人均留一份，以示大团圆。现在严肃的祭月、拜月活动已被多姿多彩的群众性中秋晚会、旅游赏月、玩月所代替，这是地方民俗的进步。

吃团圆酒（赏月酒）。中秋节是庆祝人的节日，当然离不开酒与食物。瑞安不论城乡、贫富，家家户户都有赏月吃酒的习俗。农历八月十五合家吃团圆酒是中秋节的“重头戏”，全家人有条件的都会从各地赶回家团聚。

中秋望节（送节）。中秋是个大节日，瑞安民俗女婿要给丈人家送节，俗称“望（读“牧”字音）节”。丈人要留女婿、女儿吃酒赏月。送节礼物过去一般是粉干、一对鸭子加上鱼、肉和月饼等，丈人家的回礼也是粉干、月饼等，家有外孙、外孙女的要送加大月饼。新婚女婿“望”第一个中秋节，要更道地，得用“六样”。当然现在礼俗也简化，进步了，但仍盛行。

吃月饼。中秋节活动如此多彩，都与月饼参与有关，它是中秋节的应景食物，是节日主角。瑞安的月饼品种很多，有“大月”，直径20～30厘米，厚度0.5～1厘米，实心、无馅，外粘芝麻，味甜，正面用各色芝麻绘嵌，画上“嫦娥奔

空心月饼

月”等图案。还有“空心月”，是用特细的小麦粉，配以上等的饴糖、白糖、芝麻等为料，以独特的工艺烤制出来的圆形中空的芝麻饼，吃起来又脆又甜，是孩子最喜欢吃的一种月饼，也是瑞安特产、温州名点，以李大同茶食店的最有名气。此外，瑞安还产“生糖月”“油酥月”“套月”（用六个大小不同的生糖芝麻月饼组成塔式的套月）。

江畔观潮。在每年农历八月十五至十八日之间，飞云江大潮十分壮观，观潮者甚多。古时飞云江观潮地点以隆山、西山为佳。西山又名西砚山，海拔仅46米，山上有始建于北宋末年的东南名楼“观潮阁”。元代季振孙曾有《观潮阁》云：“潮随万马声中去，阁向六鳌北上横。天接海门群岫远，云飞渡口片石轻。”现在沿海标准堤及飞云江北岸江堤都已建设了能防五十年一遇洪水的防浪堤，堤面宽广的绿道成为人们最好的观潮场所。

秋分——夜昼平分

秋分（公历 9 月 22—24 日交节）是反映季节变化的节气。秋分日太阳到达黄经 180 度，太阳光直射赤道，全球各地昼夜等长。秋分过后，太阳直射点逐渐南移，北半球各地渐渐昼短夜长，气温降低速度也明显加快。天文学上把秋分日定为秋季开始，而气象学把连续 5 天日平均气温稳定小于 22℃的初日作为入秋日，瑞安秋天开始时间则为 10 月 14 日，比秋分日平均迟了 20 天。秋分期间正值连作晚稻抽穗扬花期，最怕秋季低温。有些年份在北纬 23° 以北登陆的台风还会影响瑞安，都要注意防范。

秋分节气与瑞安气候

秋分日瑞安历史平均气温 23.9℃，极端最低气温 15.5℃，出现在 1967 年 9 月 24 日；极端最高气温 34.3℃，出现在 2010 年 9 月 22 日。秋分日历史平均降水量 6.6 毫米，常年秋分日降水概率为 57.8%。

1959—2020 年秋分节气期间瑞安重大天气事件主要如下。

出现严重影响瑞安的台风（含东风波）9 个。

1962 年 10 月 3 日，受 17 号台风影响，瑞安城关日降雨 127 毫米，城关阵风风力达 10 级，农田被淹 10.6 万亩。

1969 年 9 月 27 日，受 11 号台风影响，瑞安城关日降雨 58 毫米，城关阵风风力达 11 级，山区发生局部洪涝。

1971年9月23日，受23号特强台风影响，瑞安城关日降雨153毫米，城关阵风风力达13级。

1981年9月22日，受16号台风影响，瑞安城关日降雨133毫米，导致台涝严重，农田被淹6.9万亩，船被损毁百艘。

1988年9月22—24日，受17号台风影响，瑞安各地降雨110～250毫米，导致1人死亡。

1991年10月2—3日，受19号台风影响，瑞安城关日降雨118毫米，西部山区出现大暴雨，各地日降雨量在130～280毫米；经济损失270万元。

2009年9月29日—10月1日，受19号台风影响，瑞安东部沿海莘塍、塘下等地60小时降雨量超过200毫米，安阳达213.8毫米；北麓日降雨量达497.7毫米，暴雨导致山体滑坡，塌屋20多间。

2005年，受21号台风影响，9月28日20时至30日08时，全市观测36小时降雨量≥100毫米的站点有40个，36小时降雨量≥200毫米的站点有3个；沿海内陆各地阵风在7～9级。

2016年，受17号台风影响，9月28—30日，中西部观测降雨量均超过200毫米，降雨量在500毫米以上的站点有5个；内陆出现9～11级大风，北麓为10～11级；经济损失1.21亿元。

出现西北干风2次，分别出现在1961年10月1—6日，及1979年9月26日—10月12日，均连刮西北干风，严重影响所在年晚稻生长。

出现低温或高温天气2次。1997年9月下旬平均气温仅20.9℃，日照30.1小时，秋季低温寡照给当年正处于抽穗扬花期的晚稻造成危害。2017年9月出现大于或等于35℃的高温日数4天，其中马鞍山9月27日最高气温达到38.5℃。

秋分节气与谚语

秋分秋分，昼夜平分。

一场秋雨一场寒。

秋分天气白云来，处处好歌好稻栽。

秋忙秋忙，绣女也要出闺房。（秋收时节是很忙碌的，就连在绣房里面“大门不出二门不迈”的闺女也要放下手中的针线活来帮忙干农活了）

秋分节气与瑞安农事

山区单季稻开始收割，平原单季稻进入灌浆期，要加强后期水浆管理，保持根系活力，养根保叶。连作晚稻进入抽穗至灌浆期，坚持灌水，保持土壤湿润状态至黄熟，切忌断水过早。农作物对秋季低温敏感，当预报有秋季低温将来临时，注意通过科学灌水，以水调温，减少影响。此时各类水稻的主要虫害是稻飞虱、二化螟等，要及时做好防治。柑橘虫害红蜘蛛又开始繁殖，要注意防治。“清明早”茶追施秋肥，板栗逐渐开始采摘，100～110 天花椰菜可定植，菠菜可以播种，要加强管理，培育壮苗安全过冬。

秋分节气与瑞安淡水养鱼

秋分期间，暑热已消，天气较凉，气温、水温适宜，鱼类生长速度加快，热带鱼养殖应该注意观察生长情况，尽快抓住机遇销售。鱼类常见疾病有草鱼出血病、三代虫病、指环虫病、烂腮、肠炎、车轮虫病、锚头鳋病，要注意防治。

秋分节气与瑞安民俗

庆祝丰收节。2018 年，国务院将每年秋分日定为“中国农民丰收节”，此后，瑞安人就年年在秋分日前后举行庆祝活动。2019 年，中国农民丰收节在瑞安村镇拉开帷幕，来自全市各行业嘉宾与近千名农民朋友欢聚一堂，共庆丰收佳节、共享丰收喜悦。节日当天，曹村天井垟主会场上人潮涌动，热闹非凡，鼓乐声、欢笑声、掌声汇成了一片欢乐的海洋，洋溢着幸福欢乐的节日气氛。稻草人展、民间舞龙、进士吉祥物快闪活动展示了曹村的耕读文化底蕴；花海与民族管弦乐队情景结合呈现了独特的乡村美景；无人机农事展现了当代“智慧曹村”；自行车乐行体验、钓鱼体验、田园大眼睛留影互动等活动进一步增加了丰收节活动的趣味性。

瑞安曹村 2019 年中国农民丰收节

寒露——露冒寒气

寒露（公历 10 月 7—9 日交节）也是反映气候转变特征的节气。随着太阳直射点逐渐南移，气温继续下降，天气更凉、露带寒意、故名寒露。此时太阳到达黄经 195 度。进入寒露节气期后，时有冷空气南下，昼夜温差较大并且秋燥明显。此时正值晚稻主要灌浆期，要做到浅水勤灌，切忌后期断水过早。寒露期间，历史上有台风严重影响瑞安的数个个例，要引起警惕。

寒露节气与瑞安气候

寒露日瑞安历史平均气温 22.1℃。极端最低气温 9.7℃出现在 1981 年 10 月 9 日；极端最高 30.1℃，出现在 1981 年 10 月 8 日。寒露日历史平均降水量 13.6 毫米，常年寒露日降水概率为 41.1%。

1959 – 2020 年寒露节气期间瑞安重大天气事件主要如下。

出现严重影响瑞安的台风 5 个。

1964 年 10 月 13 日，受 23 号台风影响，瑞安城关日降雨 99 毫米，城关阵风风力达 9 级。

1973 年 10 月 10 日，受 15 号台风影响，瑞安城关日降雨 108 毫米，其中曹村日降雨量达 415.9 毫米；瑞安城关 48 小时降雨 188.6 毫米，其中篁社 48 小时降雨量达 625 毫米；全市死亡 8 人。

2007 年 10 月 7 日，受 16 号台风影响，瑞安城关日降雨 162 毫米，各地

72 小时降雨量均在 202~404 毫米；城关阵风风力达 9 级，北麓达 12 级；塌房 123 间，经济损失 3.2365 亿元。

2013 年 10 月 7 日，受 23 号台风影响，瑞安城关日降雨 386 毫米；城关阵风风力达 12 级，北麓达 16 级；造成严重灾害，影响程度仅次于 9417 号台风，死亡 1 人，直接经济损失 24.8 亿元。

2016 年 10 月 7—8 日，受 19 号台风影响，瑞安城关日降雨 85 毫米，其中永安达 396.8 毫米，其 3 小时降雨量就达到了 230 毫米；此次台风降水集中在西部，超过 100 毫米的有 18 个观测站点；全市经济损失 1.768 亿元。

出现龙卷一次。1983 年 10 月 19 日，强龙卷袭击仙降区，1.88 万亩晚稻被刮倒，损房 19 间，受灾范围 21 个大队（相当于村）

1995 年 10 月 1 日至 1996 年 1 月 13 日，秋冬连旱 89 天，北麓北龙海岛用水困难。

寒露节气与谚语

寒露多雨，芒种少雨。（正常年寒露均少雨，如多雨，则来年芒种节气少雨）

寒露到，割晚稻；霜降到，割糯稻。

寒露节气与瑞安农事

山区梯田单季稻喜获丰收（来源：《瑞安市志》）

寒露前后，荸荠、杨梅施基肥，杨梅园深翻改土。柿子开始转红，大棚番茄开始定植，油菜、莴苣、小白菜、香菇菜、大白菜、甘蓝等播种育苗。山区单季晚稻进入收割旺季。枇杷需施好花前肥，做好疏蕾、疏花、树干涂白、清园工作。秋收作物要及时抢收，以免秋季低温和连阴雨天气影响。

寒露节气与瑞安淡水养鱼

台汛期结束，昼暖夜凉明显，日平均气温降至25℃以下，水温20℃左右。水质好的鱼塘不会再因为缺氧而开启增氧机，但对载鱼量较大的鱼塘而言，应该视天气来决定是否开增氧机，尤其是水较深（水位3米以上）的鱼塘，遇到强冷空气大降温，水体垂直对流会引起转水，导致缺氧，造成大量鱼死亡，要注意、观察和防范。寒露之后，鱼类可以进行长途运输了，热带鱼应加紧销售。常见的各类鱼疾病逐渐减少。

寒露节气与瑞安民俗

农历九月初九为传统重阳节，出现在寒露节气期前后。九是“阳数”，故农历九月初九称重阳，也叫重九节。“九”与“久”同音，数字中是个极数，有长久、长寿之意，故重阳佳节寓意深远。

瑞安重阳节习俗丰富多彩，有登高、插茱萸、赏菊、饮菊花酒、吃重阳糕等。

登高，瑞安一带在宋代就有此俗。宋代进士出身的“瑞安四贤”之一许景

茱萸

衡的《登高》诗云："病告重重近两旬，登高一一听诸君。佩萸谁是佩刀者，落帽多应落解人。"明代瑞安一带登高之俗已很盛行，邑人董汝修有诗云："枫林雨过日欲曛，乘兴登高找共君。"重阳节登高有避灾求长寿的内涵，因此登高被一代代传承下来。特别是重阳节正当深秋，天高气爽，最宜秋游养身，因此现代人也乐此不疲。

吃重阳糕，在重阳节应节食品中，重阳糕不可少。"糕"与"高"同音，重阳糕寓意"步步高"。故有些老人妇女认为，虽未登高，在家中吃块重阳糕也可消灾。瑞安的重阳糕有两种，一种为登糕，其"作料"与春节年糕一样，在传承中已逐渐趋淡，现已几十年未见了。二是九层糕，其"作料"和登糕大同小异，但其加工方法不一样。九层糕吃起来柔软而不腻，香甜可口，因此不仅在节日食用，而且成为瑞安的传统食品，一直传承不衰。

九层糕

庆祝老人节。新中国成立后，浙江省政府曾定重阳节为老人节，1989 年，国家定重阳节为敬老节，赋予重阳新的内容。几十年来，瑞安各级政府和有关部门都会在这一天慰问老人，在民间组织老人集会（茶话会、寿星会等），进行旅游、参观、登山等活动。许多村镇还给 60 岁以上老人办酒会，祝老人健康长寿。尊老敬老更加蔚然成风。

此外，瑞安古时也有在重阳节插茱萸的习俗，唐宋时期相当流行，但明清以后此俗逐渐衰落。瑞安人重阳节赏菊和饮菊花酒习惯，应始于宋代以前，现在喝菊花酒之人已不多见。

霜降——霜降江北

霜不是从天上降下来的，天气晴冷的早晨，气温降至0℃以下，空中水汽在地面物体上凝结成白色晶体，此即为霜。因此，霜降（公历10月23—24日交节）是反映气温变化的节气，不仅表明白霜即将来临，还反映了即将有低温到来，可能危害秋收作物。霜降日太阳到达黄经210度。霜降现象在地域上有很大差异，浙江杭州初霜的平均日期是11月14日，而瑞安近30年初霜平均日期则是12月19日。瑞安初霜历史最早出现11月10日（1981年），最迟出现在12月31日（2004年）。霜冻是农业的一大气象灾害，霜降期间正是瑞安三秋的大忙季节，各项农事要做好安排。

霜降节气与瑞安气候

霜降日历史平均气温20.4℃。极端最低气温5.6℃，出现在1981年10月24日；极端最高气温29.3℃，出现在1976年10月23日。霜降日历史平均降水量2.6毫米，常年降水概率为31.7%。

1959—2020年霜降节气期间瑞安重大的天气事件共出现4次。

1982年10月下旬至12月上旬出现少见的“烂冬”（指天气阴沉、潮湿、寒冷、光线稀少的冬天）。

1987年10月30日18时35—55分，高楼、石龙、凤垟三个乡出现强龙卷冰雹，最大雹径10厘米，积雹深20～30厘米，最大阵风12级，影响时昏天暗地，拔树倒屋，毁房31间，2945亩晚稻绝收。

1998年10月25—28日受第10号台风倒槽影响，城关72小时降水95毫米。

2008年，滑动平均气温连续五天稳定小于22℃的入秋初日出现在10月24日，比常年迟10天。

霜降节气与谚语

晚稻就怕霜来早。

一夜孤霜，来年有荒。

今夜霜露重，明早太阳红。

霜降前降霜，挑米如挑糠，霜降后降霜，稻谷打满仓。

霜降节气与瑞安农事

平原单季稻收割，再生白银豆采摘，番薯开始采挖。秋季大棚菜如番茄、茄子等喜温性蔬菜要加强保温防寒，并适时浇水和及时采摘。生菜、萝卜等耐寒性蔬菜要加强浇水、防虫等管理工作。霜降时节120～140天花椰菜要定植，油菜做好播种前准备，要适时早种，避开晚秋霜冻，同时加强田间管理，深度翻耕并施用有机肥料，以补充土壤养分，提高土壤肥力。霜降至立冬也是瑞安茶树适宜种植期，方法与春季种植相同。

番薯

毛芋基地（来源：《瑞安市志》）

霜降节气与瑞安淡水养鱼

霜降节气期间，遇冷空气来临气温骤降，鱼塘表层水温也会随之剧降而引发水体对流严重，导致池塘转水，发生泛塘死鱼。鱼类摄食减少很多，但还不宜停食，应尽量延长投食时间，增加鱼类营养，做好越冬准备。鱼类常见疾病继续减少，但应注意小瓜虫和车轮虫爆发，水质调控方面，应防范小三毛金藻发生。

冬
立春
雨水
惊蛰
春分
清明
谷雨
立夏
小满
芒种
夏至
小暑
大暑
立秋
处暑
白露
秋分
寒露
霜降
立冬
小雪
大雪
冬至
小寒
大寒

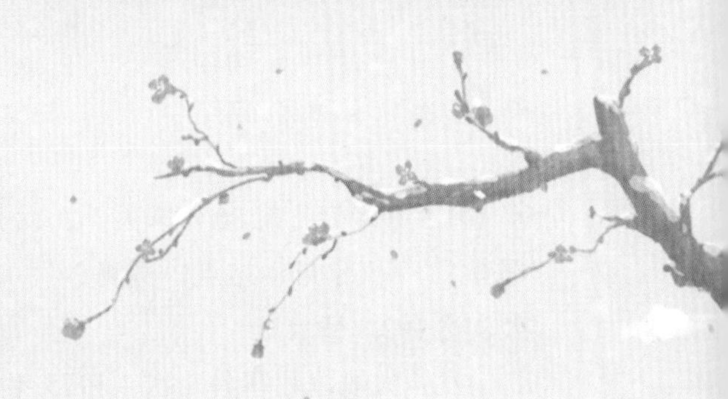

立冬——冬露端倪

立冬（公历 11 月 7—8 日交节）是反映季节变化的节气，天文学把立冬作为冬季的开始。但气象学规定，只有当滑动平均气温出现连续 5 天小于 10℃时才为入冬，依此标准瑞安近 30 年的历史平均入冬日为 12 月 28 日，比立冬日推迟了 50 天左右。立冬节气期间正是秋收冬种的大忙季节。立冬日太阳到达黄经 225 度，北半球获取太阳辐射越来越少，但夏半年贮藏的热量还有一定余量，所以天气一般还不太冷。在晴朗无风的日子，还会出现农历十月“小阳春”天气，但气温总体上在逐渐下降。

立冬节气与瑞安气候

立冬日瑞安平均气温 19.0℃。极端最低气温 6.5℃，出现在 1981 年 11 月 8 日；极端最高气温 29.5℃，出现在 2015 年 11 月 7 日。立冬日历史平均降水量 4.8 毫米，常年立冬日降水概率为 56.7%。

1959—2020 年立冬节气期间瑞安重大天气事件主要如下。

出现初冬连阴雨天气 3 次。1993 年 11 月上旬雨量 137.6 毫米，为历史同期最多。2000 年 11 月 6—19 日阴雨绵绵，日照合计为 0.0 小时，为此前 40 年未见。2009 年 11 月 9—22 日连续阴雨 14 天，为历史同期最长，这三次长阴雨都影响了当年的秋收冬种。

出现初冬暴雨 2 次。分别发生在 1978 年 11 月 11—12 日，城关 24 小时降水 101.5 毫米为此前 80 年未见。2018 年 11 月 7 日，受冷空气影响，瑞安中东部有 23 个气象自动站点，所测 24 小时雨量均≥50 毫米，其中塘下鲍五村最大，达 102.8 毫米。

发生大风沉船事件 1 次。1975 年 11 月 7 日 09 时，因冷空气影响，各地出现大风暴雨，瑞安沉船 5 条，死亡 3 人。

立冬节气与谚语

西风响，蟹脚痒。

立冬北风冰雪多，立冬南风无雨雪。

立冬落雨会烂冬，吃得柴尽米粮空。

雷打冬，十个牛栏九个空。（如果在立冬后依然有打雷情况发生，就要提前做好防寒措施，以免家畜家禽和越冬农作物被冻死）

立冬节气与瑞安农事

立冬时节正是秋收冬种的大好时段，利用晴好天气做好连作晚稻的收割工作，保证入库质量。早熟柑橘采摘上市（如红美人），采摘前要防范柑橘吸果夜蛾虫害。直播油菜开始播种，芥菜、蚕豆、豌豆等开始种植。气温将进一步降低，要加强作物田间管理，搞好清沟排水工作，可有效减少冬季涝渍和霜冻灾害影响。

收割机收割晚稻（来源：《瑞安市志》）

立冬节气与瑞安淡水养鱼

冬天开始，鱼类准备越冬，选晴天投喂少许饲料，加强养殖鱼类冬前膘情，增强鱼类越冬的抗寒能力。停料前，最好在饲料里面添加药料，防治越冬期间鲤鱼、鲫鱼的坚鳞病。鱼类常见的小瓜虫病、锚头鳋病仍需防范。

小雪——雪飞黄河

小雪（公历 11 月 22—23 日交节）是反映降水现象的节气。北方及黄河流域在“小雪”前后就开始下雪，雪量不大，故名小雪。此日太阳到达黄经 240 度。初雪出现，在地域上是有很大差异的，江南除海拔较高的山区外，其他地方在此期间下雪的机会极少。近 30 年瑞安的初雪日历史平均出现在 1 月 17 日，期间下雪年份虽有 25 年，初雪时间均出现在小雪节气时段后期。小雪期间冷空气势力不断增强，气温下降明显，瑞安 11 月下旬历史平均气温比中旬降低近 1.5℃。随着冬季来临，在这个节气期间要搞好小秋收，注意初霜冻影响。

小雪节气与瑞安气候

小雪日历史平均气温 15.6℃。极端最低气温 3.0℃，出现在 1976 年 11 月 22 日；极端最高气温 27.3℃，出现在 1991 年 11 月 23 日。小雪日历史平均降水量 1.3 毫米，常年小雪日降水概率为 40%。

1959—2020 年小雪节气期瑞安没有出现重大天气事件。

小雪节气与瑞安农事

连作晚稻完成收割，温山药开始采收，迟熟柑橘（如瓯柑）采摘上市。直

汀田瓯柑基地丰收（来源：《瑞安市志》）

播田油菜应抓紧间苗、定苗、培育壮苗；抓好大棚蔬菜、草莓管理。喜温的热带花木要根据天气预报及时移入室内和大棚中，注意防范霜冻。即将进入冬季，要注意做好森林防火工作。

小雪节气与瑞安淡水养鱼

小雪节气气温继续降低，但瑞安的鱼塘、河面不会结冰。养殖鱼类疾病很少，但温室养殖易患小瓜虫、锚头鳋病害，小三毛金藻也会发生，仍需防范。

小雪节气与瑞安民俗

小雪腌菜的习俗由来已久。由于小雪节气前后容易出现霜降天气，被霜打过的菜容易软化，加上这个时段气温低，比较适合腌制咸菜，因此人们通常都会选择此时腌菜，以备冬天新鲜蔬菜减少时食用。旧时，瑞安农村家家户户屋里摆放着硕大的腌菜缸，屋檐下晒着一串串干菜……这些都是人们记忆中温暖的小雪印象，现在农村各地的蔬菜专业社、专业大户仍在继承，并发扬着这项手艺和风俗。

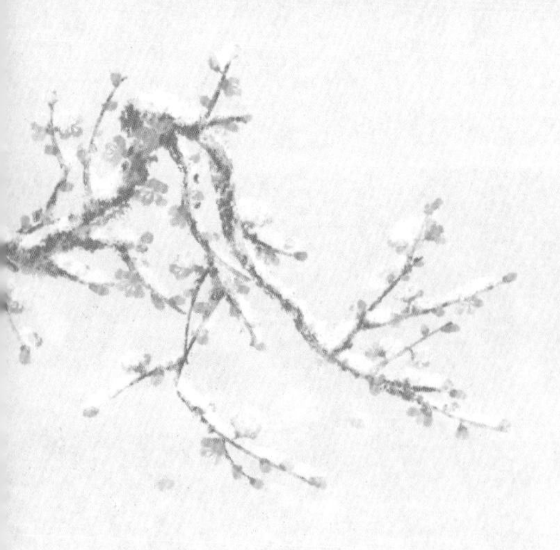

大雪——雪积大地

大雪（公历12月6—8日交节）与小雪一样，是反映降水现象的节气，此日太阳到达黄经255度。节气大雪与天气预报的大雪意义不一样，它只是说明降雪的可能性比小雪节气时大。大雪日北方及黄河流域往往已有积雪，天气寒冷；而江南才刚进入冬季，气温显著下降，可能出现初雪，但地域分布有差异。近60年，大雪节气期间瑞安下雪年份有2年，其中2010年12月16—18日全市下暴雪，市区积雪深6厘米；另一次仅在西部山区有积雪。大雪节气期间气温继续下降，各项农事生产均要防寒。

大雪节气与瑞安气候

大雪日历史平均气温12.1℃。极端最低气温-0.7℃，出现在1987年12月7日；极端最高气温26.1℃，出现1992年12月7日。大雪日历史平均降水量2.6毫米，常年降水概率为41.1%。

1959—2020年大雪节气期间瑞安重大天气事件主要有3个。

2009年12月16—18日受冷空气影响，桂峰等西部山区出现降雪和雨夹雪，高山有积雪。

2010年12月15—16日瑞安全域出现大到暴雪，城关积雪深6厘米，西部山区雪深10～20厘米。

2013年12月6—8日，瑞安连续出现最低能见度低于1000米，海安最低能见度不足 500 米的雾霾天气，飞云江面能见度仅 50 米，江上一只冒险航行的运沙船撞上大桥桥墩，幸救援及时未造成人员伤亡。

大雪节气与谚语

寒风迎大雪，三九天气暖。

大雪不寒明年旱。

大雪兆丰年。（因冬雪可以冻死虫卵，可增加土地墒情，对来年农作物生长有利）

大雪节气与瑞安农事

春花作物要做好清沟排水工作，防止渍害。油菜疙瘩苗要抓紧疏苗，以免苗挤苗，形成弱苗，去小留大，补栽时要带水，促进早成活。蚕豆、豌豆等耐寒作物仍种植。冷空气进一步活跃，大棚中反季节蔬菜要加强田间管理和保温工作，预防冻害的发生。

大雪节气与瑞安淡水养鱼

大雪节气气温较低，山区要防治池塘水体结冰，注意防治缺氧闷塘，结薄冰时开启增氧机搅动水体化冰，结厚冰前可以用干芦苇或稻草扎捆放在池塘四周水体，以后方便破冰；易出现小三毛金藻，发生闷池，需注意防范。

大雪节气与瑞安民俗

“糖儿客，慢慢担，小息儿跟着一大班”。每当“大雪”节气前后，瑞安街头就会出现一种“兑糖儿”的场面。各地饴糖作坊将制成的整版饴糖提供给专门挑担走街串巷的小商贩，俗称

麦芽糖

"糖儿客"。"叮叮……兑糖儿吃咯……" 兑糖客挑着一担麦芽糖，手上的小铁锤和打糖刀互相碰撞发出的叮当声，还有悠长的叫卖声，一起回荡在深巷中，能引起不少孩子流口水。家里的牙膏壳、废铁钉、晒干的橘子皮，都可以兑换几块甜甜的麦芽糖。若真的没其他东西可以去兑换，就赶紧向大人讨要几毛零钱买糖吃。20 世纪 60 至 80 年代，"糖儿担" 在大街小巷风靡一时，满足了那个时代孩子们贫乏的味蕾。至今还传唱着童谣《兑糖歌》："山楂杂麦芽，甘草杂槟榔。吃底甜，转口凉，娒儿吃爻不赖娘。" 现在街头、夜市上有时也还能听到 "糖儿担" 的叫卖声。

冬至——夜至长，昼至短

冬至（12 月 21—23 日）时，太阳到达黄经 270 度，太阳直射南回归线，是北半球一年中白天时间最短、夜间时间最长的一天。自这一天后，太阳直射点往北回返，各地又白天渐长，夜晚渐短。冬至又称长至节、冬节等，兼具自然与人文两大内涵，既是二十四节气中的重要节气，也是中国民间传统的“四时八节”之一，民间俗语称“冬至大如年。”秋分以后，由于太阳辐射到地面的热量比地面向空中散发的热量少，因此，过了冬至，气温下降很快，标志着最冷的冬天要来了，各行各业都要做好过冬工作。

冬至节气与瑞安气候

冬至日历史平均气温 10.6℃。极端最低气温 -3.5℃，出现在 1999 年 12 月 23 日；极端最高气温 24.2℃，出现在 2008 年 12 月 21 日。冬至日历史平均降水量 2.4 毫米，常年冬至日降水概率为 42.2%。

1959—2020 年冬至节气期间，瑞安重大天气事件主要如下。

出现低温冻害 1 次。1999 年 12 月 21—23 日城关日平均气温均在 1.7℃～4.7℃，最低气温在 -0.7℃～-3.5℃，20—25 日城关连续 6 天出现结冰天气。

出现大雪一次。1983 年 12 月 29 日，全市下大雪，一般积雪深 2 厘米风门山区雪深 22.6 厘米。

出现寒潮一次。2020 年 29—31 日，安阳马鞍山 48 小时降温 14.1℃，31

日早晨最低气温 -2.0℃，湖岭金鸡山仅 -13.1℃。

出现海上大风一次。1984 年 12 月 29 日，北麂海面阵风 8 级，塘下、莘塍、渔船在北麂—南麂海面沉船，9 人死亡。2015 年 12 月 23 日，全市降中到大雨，有 15 个气象观测站点观测到日雨量＞40 毫米，为 12 月份历史少见。

冬至节气与谚语

冬至西北风，来年干一春。

晴冬至，烂年边，邋遢冬至晴过年。

冬节边，棺材天。（冬至前后多阴雨天气）

冬至暖，冻死深山白鸟卵。（暖冬至，冷春分）

冬至寒，深山老树发嫩“蒜”。（冷冬至，暖春分）

冬至节气与瑞安农事

加强油菜等春花作物的田间管理。桑葚开始发芽，温郁金采收块根和根茎，大棚草莓开始采摘。冬闲田翻犁晒白，清除田塝、田埂及田边杂草，消灭越冬病虫、病源。此时冷空气活动频繁，需做好防寒防冻工作，确保作物安全越冬。

冬至节气与瑞安淡水养鱼

冬至节气的鱼类疾病及防范措施与大雪节气相同。

冬至节气与瑞安民俗

祭祀祖先。自古以来一直有冬至祭天祀祖的习俗。民谚有：“清明扫墓，冬至祭祖”。祭祀祖先，瑞安民间称“做节”。祭品除有糯米汤圆、氽糖糍外，还有猪肉、鸡鸭海鲜、菜豆与水果。经行过祭奠仪式，然后全家人聚餐，民间有谚“吃了冬节饭，年龄就大一岁了”，旧称“添岁”。

吃汤圆，氽糖糍。瑞安冬至最流行的应节食品是汤圆和氽糖糍。汤圆有实心，或麻心馅的甜汤圆，有猪肉馅的咸汤圆。此外还有别具特色的氽糖糍。它是将适度脱水后的糯米粉，用手揉掐成丸状，放在水中煮熟后，将其放入糖浆中，让它粘满糖浆，再在炒熟的豆粉中翻滚几次，使丸子粘满豆粉即成。“余糖糍”吃起来香喷喷、甜滋滋、热乎乎，柔而不腻，使闻者流涎，是瑞安特色食品，至今传承不衰。

麻糍

望冬节。冬至按瑞安地方风俗，女婿要给丈人家送礼，谓之“望冬节”。望冬节一定要有“冬节馍糍”，特别是新婚女婿“望头年”，更要讲究“道地”，礼品丰盛。

画“九九消寒图”：从冬至之日起，即进入“数九寒天”。这九九八十一天，古人称为“复阳”的过程。为了度过这段漫长的寒冷期，早年就有“数九九”的娱乐活动，利用“九九消寒图”天天数着日子过这八十一天，表达了人们对迎春的殷切期望。民间将画“九九消寒图”的习俗传承下来，形式多种多样。当然现在已很少见了。

念“数九歌”：从冬至这天起，便是俗称的“交九”了。第一个九天称“头九”。第三个九日为“三九”，是最冷的天气，有“冷在三九”之说。过了“三九”，气温逐渐回升又将迎来万紫千红的春天。“数九歌”版本多，歌谣富有人情味，多口头流传，如：“一九二九，招呼不出手，三九二十七，檐头‘金钗’一尺七；四九三十六夜困觉着冰竹竹……九九八十一棉衣赶紧脱，换起蓑衣并箬笠。”形象地唱出了从严冬到春来的气候变化过程。

敲梆：每年的冬至到年底除夕，民间开始准备过年，夜里有人巡逻，敲着竹梆促人惊觉，以防火防盗，求得平安过年。但随着现代防盗、防火、报警等智能技术的出现，“敲梆”早已成为历史。

小寒——冷在三九

小寒（公历 1 月 5—7 日交节）是表示冷暖程度的节气，本义是天气寒冷，但未到极点。这一天太阳到达黄经 285 度。有农谚“小寒时处二、三九，天寒地冻冷到抖”，说明小寒节气的寒冷程度。这与瑞安的实际情况相当符合。小寒节气期正处 1 月中旬，而瑞安 1 月中旬的历史间平均气温和旬极端最低气温在全年各旬中都是最低的。但每年天气都有差异，当强冷空气影响时，有时会出现低温、积雪天气，这时要抓好春花作物的田间管理，注意冬季大风，防御低温冻害发生。

小寒节气与瑞安气候

小寒日历史平均气温 9.8℃。极端最低气温 -3.1℃，出现在 1986 年 1 月 6 日；极端最高气温 22.3℃，出现在 2017 年 1 月 5 日。小寒日历史平均降水量 2.8 毫米，常年小寒日降水概率为 54.4%。

1959—2020 年年小寒节气期间瑞安重大天气事件主要如下。

1963 年，自小寒节气前后开始至 4 月中旬，冬春连旱，使该年春耕无水做秧田。

1989 年 1 月 14 日，全市普降大雪，城关积雪深 7 厘米，山区积雪深 30 厘米，为近 60 年最大。

2011 年 1 月 16—17 日，桂峰最低气温 -6.8℃，潮基乡自来水管大面积冻

安阳交警冒雪指挥交通（来源：《瑞安市志》）

冰，地面结冰厚 1.2 厘米以上，全市经济损失 5860 万元。

2019 年 1 月 2—16 日，持续 15 天阴雨，日照仅 1.7 小时。

2010 年 1 月 5—6 日，市区下冰粒，全市大部分地方下雪和雨夹雪，出现冰冻，西部山区道路结冰。

2015 年 1 月 12—14 日，瑞安普降大暴雨，城区日降水 53.4 毫米，全市观测 48 小时降雨量＞50 毫米的站点有 23 个，为历史同期少见。

1996—1997 年冬季，瑞安 1997 年 1 月 16 日才正式入冬，为近 60 年最晚。

小寒节气与谚语

小寒不寒，清明泥潭。

小寒，大寒，冷成冰团。

小寒时处二三九，天寒地冻冷到抖。

小寒大寒寒得透，来年春天天暖和。

小寒节气与瑞安农事

露天大白菜，大棚黄瓜，马铃薯仍可播种，地膜毛芋开始种植。油菜等作物追施冬肥，做好防寒防冻，积肥造肥和兴修水利等工作。大棚越冬茄果类蔬菜，已进入开花结果期，要进行整枝、打枝、打叶、打杈、保花、保果。早春反季节小白瓜浸种保温催芽，需使用塑料薄膜拱棚育苗。

由于瑞安此期间气温低，要注意通过稻草、地膜覆盖等措施以保障正常出苗，防止冻害发生。杨梅修剪应去除病虫枝、枯枝、衰弱枝。柑橘苗种植时应挖好定植穴，施足基肥。枇杷剪除密生枝、衰弱枝、病虫枝，修剪宜轻不宜重，修剪量以不超过树冠总枝叶量的 10% 为宜。

小寒节气与瑞安淡水养鱼

小寒节气的鱼类疾病及防范措施与大雪节气相同。

小寒节气与瑞安民俗

进入小寒年味渐浓，家家户户开始着手筹备年货，而晾晒酱油肉、酱油鸡、鳗鲞等成了瑞安老百姓绕不开的一种过年习俗。趁着冬日的暖阳和清冷的西风，瑞安人会在窗台上或庭院间挂起一串串已浸泡好的酱油肉或酱油鸡鸭，或平铺开一条条鲜白的已剖开洗净的鳗鲞。于是在某个街头巷尾不经意间的一个抬头，这些极具烟火气息的画面就会直愣愣地闯入你的眼帘，同时撩拨着你的味蕾，酱色的肉质在太阳底下，泛着微微油光，隐隐约约传递的是幸福快乐的“味道”。只稍两三天时间晾晒的肉就散发出酱肉的独特清香，而鳗鲞散发的则是海鲜特有的夹杂着海盐的鲜香味，比鲜鳗还要好吃，是年夜饭中佐酒的佳品。也有人说这些年货如能在冬至前晒成，那就更好。

晒酱油肉

吃腊八粥。农历十二月初八是我国传统的腊八节，出现在每年的小寒节气期及前后。瑞安人过腊八节的食俗以腊八粥为主。腊八粥最早是用红小豆煮的，含有“赤豆打鬼”的说法。现在瑞安一带腊八粥用料为各种米（糯米、黑米等）、各种豆（赤豆、绿豆等）、各种干果（红枣、桂圆、核桃仁等）。其传统煮法：先将豆类洗净放在锅中煮成半熟，再加入洗净的米和干果；先旺火后文火，熬到稠柔软黏为宜，甜咸均可。如今，色香味美的腊八粥已成为瑞安日常生活中的美味小吃。

大寒——节气之末

大寒（公历 1 月 20—21 日交节）是二十四节气中的最后一个节气，顾名思义，大寒比小寒更冷，此日太阳到达黄经 300 度。俗话说“三九、四九、冻死老牛”，实际上，根据气象资料，瑞安小寒比大寒冷，但大寒与小寒是一对“寒兄弟”，都是一年中最冷的节气。节气期间冰雪、低温是常客。长期低温对春花作物，蔬菜柑橘、茶叶和常绿草木作物都有很大威胁，要有防范措施。

大寒节气与瑞安气候

大寒日历史平均气温 8.7℃。极端最低气温 -3.2℃，出现在 1970 年 1 月 20 日；极端最高气温 22.8℃，出现在 2013 年 1 月 21 日。历史平均降水量 1.8 毫米，常年大寒日降水概率 66.7%。

1959—2020 年大寒节气期间瑞安重大天气事件主要如下。

2008 年 1 月 25 日—2 月 2 日，出现连阴雨、低温天气 9 天。2 月上旬安阳平均气温仅 4.9℃，为历史次低值，山区出现冰雨。

2009 年 1 月 26 日，市区出现雨夹雪，西部山区出现中雪，个别地方积雪深 10 厘米。马屿高楼、大棚蔬菜冻害面积 1.2 万亩。

2016 年 1 月 21—26 日，瑞安全境出现雨雪冰冻天气，25 日早晨最低气温安阳马鞍山 -3.9℃（为历史次低），桂峰 -9.0℃，瑞安全境 42 个气象观测站点中，有 18 个站点观测的最低气温均在 -5.0℃以下。桂峰积雪深 3 厘米，金山

湖岭电工冒雪抢修电网线路（来源：《瑞安市志》）

2 厘米，枫岭 1 厘米。

2018 年 1 月 24—31 日，瑞安各地先后出现雨雪冰冻天气，30 日夜至 31 日湖岭等地出现积雪，道路结冰。

2010 年 1 月 21 日—2 月 7 日雨日 16 天，日照仅 19.3 小时，长时间阴雨寡照对大棚作物影响严重。

大寒节气与谚语

小寒大寒大南风，明年小暑大暑有台风。

大寒一夜星，谷米贵如金。

大寒天气暖，寒到二月满。

大寒到顶点，日后天渐暖。

大寒节气与瑞安农事

大棚西瓜、甜瓜进行基质穴盘育苗，小拱棚四季豆要及时播种，继续做好越冬大棚蔬菜瓜果保温防冻及病虫害绿色防控工作。要做好杨梅抗寒防冻和抗雪害工作，确保其安全过冬。枇杷以花穗套袋或用花穗下部的叶片、束捆花穗等方法，预防枇杷幼果遭受冻害；认真做好培土护根、主干涂白等防冻、防雪害工作。此期多低温影响，强冷空气来临时，可通过多层覆盖或主动加温防蔬菜冻害。

大寒节气与瑞安淡水养鱼

大寒节气的鱼类疾病及防范措施与大雪节气相同。

大寒节气与瑞安民俗

大寒节气时常与岁末相重合。因此在本节气期间除顺应节气规律干农事外，还要为过年做准备，大寒节气期间瑞安的习俗主要有以下几种。

掸新。旧时掸新一般都在农历腊月二十日或祭灶前，家家选好吉日，自己动手，清扫庭院、屋角，洗涤所有用具。现在条件好了，城镇农村大多住套房，年前一个月内，只要天气晴好，就雇人来打扫，这种讲究卫生扫旧迎新的好习惯，在今天的瑞安城乡仍然很流行。

捣年糕

捣年糕。年糕最早是为年夜祭神、供奉祖先所用的，后来才发展为春节食品。瑞安人习惯在新年第一天吃年糕，因为“糕”与“高”同音，年糕象征“年年高”，因此，每年春节前 10 天（有的年份提前半个月），在瑞安农村的村头、城镇的巷口，就开始出现群众捣年糕的热闹景象，年味浓厚，这也是孩子们最高兴的事。过去比较富裕的人家，过年要捣几百斤米年糕（一般人家也有几十至上百斤），浸于大水缸内，吃到第二年农历三月。现在机制年糕盛行，春节食品繁多，年前人工捣年糕的场面也难得一见了。

贴春联。新年前夕贴春联是瑞安民间过年不可缺少的习俗。与之相关的还有“福”“大吉”“大利”。春联均贴在自家大门两边，门楣上贴横批，“福”等贴在大门中间，它使千家万户门庭焕然一新，给人带来浓浓春意。

祭祖与分岁酒。除夕夜家家户户都要准备丰盛的年夜饭，瑞安人称“分岁酒”。远在外地的家人有条件的都要回家相聚。旧时分岁酒与祭祀祖先是结合在一起的，仪式讲究；现在民俗简化了，生活也富裕了，分岁酒基本都安排在酒店进行，但怀念祖先、团聚、喜庆的内涵仍然不变。

此外，男女老幼在过年前沐浴、理发，分岁酒结束后长辈给晚辈分发“压岁钱”等习俗至今都在传承，达旦不眠的除夕夜守岁年俗，现在则已被家家户户观看丰富多彩的春节晚会所代替。

参考文献

陈晓晖，2018. 年分寒暑 岁有嘉时：我们的二十四节气与民俗 [M]. 北京：气象出版社：19-23.

何克式，2012. 瑞安遗风 [M]. 北京：中国文史出版社：39.

瑞安市地方志编纂委员会，2003. 瑞安市志 [M]. 北京：中华书局：30-34.

瑞安市地方志编纂委员会，2020. 瑞安市志 [M]. 北京：商务印馆：82-85.

中央农业广播学校，1984. 气象基础与农业气象 [M]. 北京：中国广播电视出版社：48-51.

编后记

瑞安是千年古县，自古以来，二十四节气对瑞安农耕民俗的影响非常深远。为了更好地服务乡村振兴战略，让百万新老瑞安人能较详细地了解二十四节气与瑞安农耕民俗密切联系的历史和现状，瑞安市气象局自2021年3月开始组织成立了编写组，后又邀请瑞安市老科技工作者协会合作，着手撰写《二十四节气与瑞安农耕民俗文化》这本科普图书。历时近一年的调查、挖掘、撰写，今天终于定稿，不久之后将正式出版与读者见面。该项工作得到了瑞安市人民政府和温州市气象局主要领导的充分肯定和大力支持。

瑞安市老科技工作者协会会长魏余煌、老同志张国良，农业农村局的卢明和、张维前等同志都为本书中的节气和瑞安农事、节气和瑞安渔事部分提供素材和修改意见，老同志何克式提供了《瑞安遗风》一书为我们作参考。顾问潘玉龙负责本课题文稿的审核、修改和定稿工作，在此一并致谢。

关于文中气象要素统计时间的说明：初、终日和各气象要素的历史平均值，均采用1991—2020年的资料；极值都从1959年瑞安气象站建站伊始至2020年的资料中挑选；立春节气期间出现的重大天气事件，则从1959年以来，历年立春日到雨水日之间15天中出现的天气事件中挑取，其他节气均参照此标准，选取其中较大天气事件。

文中有关重大天气事件的说明：重大天气事件是指各节气期间瑞安发生的寒潮、倒春寒、雪、冰雹、龙卷、雷击、严重影响台风、大暴雨、干旱、干风、低温连阴雨等重要天气；资料来源于《瑞安市志》和历年的气候评价。

关于文中入春日、入夏日、入秋日、入冬日的说明：根据中华人民共和国气象行业标准《气候季节划分》（QX/T 152—2012）规定，当常年滑动平均气温序列连续 5 天大于或等于 10℃，则以其所对应的常年气温序列中第一个大于或等于 10℃的日期作为入春日，反之为入冬日；当常年滑动平均气温序列连续 5 天大于或等于 22℃，则以其所对应的常年气温序列中第一个大于或等于 22℃的日期作为入夏日，反之为入秋日。

由于历史资料不齐全，编写水平有限，文中难免有错误之处，敬请读者指正。

《二十四节气与瑞安农耕民俗文化》编委会

2022 年 1 月